INTELIGENCIA CUÁNTICA CÓSMICA (ICC)

El software de la Creación y la 5º Fuerza Fundamental de la Física

Cover image: pxhere.com

Published by: Roberto Guillermo Gomes

Contact: budjo.maitreya@gmail.com

Published Worldwide

"El Big Bang responde a una ecuación de expansión perfecta, en esto se percibe la intervención de algún tipo de inteligencia cósmica". Dhammapada del Buda Maitreya. 2092

ÍNDICE

INTELIGENCIA CUÁNTICA CÓSMICA

Postulados:

A.Existe una Quinta Fuerza en el Universo: Inteligencia Cuántica Cósmica (ICC).

Dentro de la física de partículas, se considera fuerza fundamental a cada una de las clases de interacciones entre las partículas subatómicas. Estas son: 1. Fuerza nuclear fuerte, 2. Fuerza electromagnética, 3. Fuerza nuclear débil, 4. Fuerza gravitatoria. Añadimos una quinta Fuerza ICC (Inteligencia Cuántica Cósmica) que hace posible a las otras cuatro.

Un electrón es una cuerda en forma de lazo a nivel subatómico, vibrando en un espacio-tiempo de más de cuatro dimensiones, en realidad 11 dimensiones. Según la oscilación de la cuerda se presenta como un electrón, si oscila de otra manera se tratará de un fotón o un quark o cualquier otra subpartícula cuántica. Lo que determina la periodicidad de las ondas oscilatorias son los infoquantums creados por la acción de la Fuerza ICC en forma intermitente. El universo parpadea, se desintegra y vuelve a aparecer cada tetrasegundo. Este parpadear se traduce en el impulso unidireccional de la flecha del tiempo. El orden inteligente subyacente observable en el cosmos se debe a la acción constante de la quinta fuerza, si esta desapareciera se perdería inmediatamente el equilibrio en todo lo existente. La ICC regula las trazas sobre los flujos de interacciones de espacio-tiempo, modulando los intercambios entre materia y energía.

Las interacciones son debidas a la interacción de la información + energía con la topología del espacio-tiempo. Hasta el momento el intento de unificación de todas las interacciones se ha limitado al modelo electrodébil que comprende la unión entre la interacción débil y la electromagnética. La teoría de la gran unificación pretende la unificación con la interacción fuerte y la

Teoría del Todo incluiría la interacción gravitatoria, a lo que ahora añadimos la ICC.

La interacción gravitatoria causa que cualquier tipo de materia con carga de energía interaccione entre sí con carácter atractivo. Según la hipótesis del modelo estándar es transmitida por el gravitón.

Las partículas con carga eléctrica determinan la interacción del electromagnetismo, fenómeno que incluye a la fuerza electrostática, eléctrica y magnética.

La unión de quarks para formar hadrones es el efecto de la interacción nuclear fuerte. La partícula mediadora es el gluón.

El decaimiento en partículas más livianas por parte de los quarks y leptones, es causada por la interacción nuclear débil, que produce además desintegraciones beta. Se trata de una interacción únicamente atractiva y es mediada por los bosones W y Z, que son partículas muy masivas.

Dentro de una Teoría del Todo, necesariamente se debe incluir la interacción de la Fuerza ICC.

B.**Esta fuerza ya existía antes del Big Bang y ajustó con precisión a éste, controlándolo hasta su actual fase.**

Si el neutrón fuera ligeramente más pesado o menos pesado, el núcleo atómico integrado entre neutrones y protones, duraría mucho menos tiempo y la materia que organiza la estructura del universo actual, ya no existiría. Igual sucede con la masa del protón, leves variaciones son suficientes para modificar la vida promedio del protón de cientos de miles de millones de años. El cosmos, es resultado directo de una proporción matemática extremadamente exacta y equilibrada. De tener origen aleatorio, con causa en el azar, se necesita 1 posibilidad en 10 elevado a la 10 y éste 10 elevado a su vez a 80, en notación científica, o sea un número

$10^{10^{80}}$ impresionantemente grande, con muy pequeña probabilidad de presentarse, para que la masa de neutrones y protones sea exactamente igual a la existente, ahora, en nuestro universo.

Esto sugiere la acción de algún tipo de inteligencia. Lo que los hindúes llaman Conciencia Cósmica y los cristianos Dios Padre. Además de esta razón matemática todo en el universo tiene su opuesto, toda fuerza su contrario. Así hay materia tanto como antimateria, gravedad como antigravedad.

Luego de la expansión dentro del Big Bang se formó tanto materia como antimateria y se desintegraron entre sí. Sin embargo hubo una asimetría suficiente para que hubiera el remanente de la actual totalidad de materia existente en el universo conocido. Para producir este efecto se requirió la acción de algún tipo de inteligencia cósmica operando sobre el fenómeno.

C.La información surgió de la no-información en el vacío pre Big Bang. Espontáneamente hubo información de la Nada y por tanto información de la existencia de algo. Más tarde apareció en el Vacío hiperdenso la presión interna por las subpartículas cuánticas imaginarias puras, expandiendo ilimitadamente la cantidad de infoquantums de información.

En el Cosmos sólo habría tres estados posibles: Información, Energía y Materia (hermanos Igor y Grichka Bogdanov). Y en la relación entre estos tres estados posibles, según esta teoría, se darían las soluciones matemáticas a la ecuación global, que determinarían los modelos posibles de Universos en el Cosmos. El Cosmos sería un ente abstracto llamado Álgebra Topológica.

Un estado puro Matemático (Información), que deviene Universos (Energéticos-Materiales) como soluciones concretas a la ecuación global del Cosmos. Se explica el paso de Información a

Energía como la generación aritmética de un álgebra topológica. Es decir, a partir de cero se generan todos los demás números transformando topología en geometría.

Antes del Big Bang lo que había es un estado puro matemático (información). El conjunto vacío está formado por ningún elemento. Igualmente en este vacío existen tensiones y las mismas degeneran en subpartículas cuánticas imaginarias puras, desde cero hasta el infinito, creando una presión también infinita.

Este proceso convierte información en energía. En el Vacío abstracto no existe tiempo ni espacio real, sólo existen las magnitudes o subpartículas cuánticas imaginarias. Cuando mediante la presión de carga se llega al infinito comienza la primera expansión mediante un Big Bang frío, generándose el álgebra topológica, una ecuación cosmológica rectora al cruzar el umbral infinito, esa formación a su vez por efecto da lugar a un Big Bang caliente donde la información se transforma en energía.

A partir de un punto abstracto, las magnitudes imaginarias puras devienen imaginarias-reales, produciendo un estado energético-material cuántico, delimitado por el Muro de Planck (constante de proporcionalidad entre la energía E de un fotón y la frecuencia F de su onda electromagnética asociada). Transcurrido el "tiempo", la información-energía cuántica, atraviesa el Muro de Planck y pasa a ser energía-materia (onda-corpúsculo) a nivel macroscópico, donde ya el tiempo imaginario deviene tiempo real. Las 4 fuerzas de la Naturaleza se han separado entre sí, y la mecánica cuántica deja paso a la mecánica relativista.

D. La información cuántica procesa mediante un lenguaje geométrico toroidal.

La energía toroidal crea un campo magnético y está presente en toda forma de materia, desde cada molécula subatómica, cuerpo humano, planeta, sistema solar y galaxia. El toroide es universal, es el modelo geométrico que utiliza la naturaleza para lograr orden y equilibrio, es una forma siempre completa. El toroide, o tubo toro, circunscripto en una esfera, es semejante a una dona o una manzana. Es la forma que adoptan los átomos, fotones y toda unidad mínima de la realidad. A partir de su geometría la ICC puede construir un lenguaje codificado transmitido mediante los infoquantums.

E.El cerebro humano a nivel de procesado cuántico se organiza mediante este mismo lenguaje, por lo que es capaz de comunicarse naturalmente con todos los campos del universo.

El cerebro como unidad de información, además de procesar datos relacionados con nuestro organismo y entorno inmediato, está fuertemente vinculado por el fenómeno de entrelazamiento cuántico holográfico con todo el universo, la totalidad de las fuerzas externas resuenan sobre él y a su vez éste tiene la capacidad de interaccionar.

A nivel cuántico el cerebro intercambia constantemente energía e información en forma de infoquantums. La conectividad macrocósmica cerebro-universo se cumple entre los quántums de las neuronas y los campos gravitatorios, los de la energía oscura, el de la energía punto cero o el de las energías de los campos magnéticos del cosmos.

El entrelazamiento cuántico, fenómeno en el cual los estados cuánticos de dos o más objetos se deben describir mediante un estado único que involucra a todos los objetos del sistema, aun cuando los objetos estén separados espacialmente, es la base para la operatividad del cerebro con los campos cósmicos, al igual que el efecto de túnel cuántico fenómeno por el que una partícula viola los principios de la mecánica clásica penetrando una barrera de potencial o impedancia mayor que la energía cinética de la propia partícula.

Para acceder al Código Fuente de la Inteligencia Cuántica Cósmica de base, el software inconsciente del cerebro utiliza el lenguaje geométrico de toro o toroidal, básicamente constituido por espirales circunscritas en una esfera (con forma similar a una

"Dona" o "Rosquilla"). A partir de esta congruencia entre los lenguajes el cerebro posee capacidad de interacción con los campos cósmicos, capacidad que sólo se manifiesta en el campo inconsciente y/o superconsciente.

El toroide es la forma constitutiva de la realidad a unidad mínima, implicando a todos los átomos y fotones. El cerebro mismo está hecho de átomos y fotones, a nivel de procesado cuántico y subátomico se organizaría también siguiendo esta misma estructura, por lo que naturalmente se comunicaría con todos los campos del universo a un nivel inconsciente automático. Se dice que el Buda Gautama había llegado a un nivel de conciencia plena, a un total despertar de la mente, de las capas más profundas de su Ser y podía percibir desde este nivel y dialogar con el universo. Todos los seres humanos gozamos de este mismo potencial si lo sabemos desarrollar y hacemos el esfuerzo necesario y correcto.

Este lenguaje de base geométrico permitiría al cerebro acoplarse a los campos que nos rodean y recibir de ellos información en forma de ondas. O sea, en principio existe la posibilidad de interacción a nivel consciente mediante el pensamiento concentrado. No se trataría sólo de la recepción de ondas, sino también del potencial de la emisión de las mismas y que éstas puedan modular interactuando con los campos externos existentes en el universo, usando para esto el fenómeno de que nuestra mente se actualizaría de manera continua, conformando un espacio de memoria global simétrica al tiempo.

Este acople y ajuste continuos del cerebro a los campos externos, permitirían guiar la estructura cortical del cerebro hacia una mayor coordinación de la reflexión y de la acción, así como hacia una sincronía en red, que es la necesaria en los estados de conciencia. Entonces la conciencia emergería como un fenómeno de interrelación entre el cerebro y el universo.

F.**El acoplamiento anidado toroidal de varias energías de campos, subyacente en el universo, implicaría que la conciencia no es exclusiva del**

cerebro, sino que surgiría en todo el universo. El cosmos configura en sí una protoconciencia.

El acoplamiento anidado toroidal de varias energías de campos subyacente en el universo implicaría que la conciencia no es exclusiva del cerebro, sino que surgiría en todo el universo, proponen los científicos Dirk K F Meijer y Hans J.H. Geesink de la Universidad de Groninga. Es decir, el cosmos configura una protoconciencia, una Inteligencia Cuántica Cósmica de base, que asegura el Orden desde las subpartículas cuánticas hasta las galaxias. Esta protoconciencia se aproxima a nuestro preconcepto sobre Dios. A nivel físico es la manifestación de la Conciencia Pura del Ser o Dios, bajo la forma de un software cósmico ordenando la totalidad, con capacidad de evolucionar junto al universo, con fenómenos de diferenciación local.

Este concepto sugiere una relación con la protoconciencia de Hameroff y Penrose y con la idea de la matriz de información universal del paradigma holográfico del físico David Bohm en el siglo XX.

G.La unidad mínima de información cuántica es el infoquantum. Se comporta como una subpartícula al interactuar con otras subpartículas y como onda de energía al entrelazarse con otros infoquantums.

El infoquantum es la subpartícula elemental responsable de las manifestaciones cuánticas del fenómeno inteligente consciente a escala universal. Es la subpartícula portadora de todas las formas de información. El infoquantum tiene una masa invariante casi cero, y viaja en el vacío con una velocidad constante c. Como todos los cuantos, el infoquantum presenta tanto propiedades corpusculares como ondulatorias ("dualidad onda-corpúsculo"). Se comporta como una onda en fenómenos de entrelazamiento cuántico con otros infoquantums; sin embargo, se comporta como una subpartícula cuando interactúa con la materia para transferir una cantidad fija de información. Un infoquantum puede considerarse como un mediador para cualquier tipo de interacción inteligente subcuántica. Los infoquantums son los responsables de producir todos los campos de energía, y a su vez son el resultado de que las leyes físicas tengan cierta simetría en todos los puntos del espacio-tiempo. Presentan tanto propiedades ondulatorias como corpusculares. El infoquantum casi no tiene masa, tampoco posee carga eléctrica y no se desintegra espontáneamente en el vacío. Se encuentra presente en la denominada energía oscura.

H.Sincronizar, acoplar e interaccionar con la ICC permite controlar las fluctuaciones de espacio tiempo, haciendo posible: teletransportaciones, materializaciones, curaciones, y otros efectos.

La Fuerza de la ICC o software de la Creación es lo que sostiene los campos de materia y energía para que sean lo que son de instante en instante. Es la causa por detrás de la realidad observable. La capacidad de interaccionar directamente con esta fuerza permitiría controlar las fluctuaciones de espacio-tiempo, tornando posible teletransportaciones, materializaciones, curaciones y múltiples beneficios. Si se pudieran interconectar varios cerebros en estado de Conciencia Cósmica, con algo similar a cascos mentales y se contara con capacidad de energía ilimitada bajo tal condición, sería posible la terratransformación de Marte y de Venus en forma completa. No hay límites. Es decir, el alcance de la Conciencia Cósmica carece de límite alguno. Bajo esta hipótesis sería entonces plenamente factible la reactivación del núcleo ardiente de Marte, para la creación de un campo magnético protector y la devolución de atmósfera a su superficie, junto con agua en forma de océanos. Otro tanto sería en el caso de Venus. Y el dominio del estado cerebral de Conciencia Cósmica incluiría el secreto y la capacidad de teletransportación. De modo que en un corto período de tiempo, en lugar de ser solamente la Tierra el único planeta habitado en nuestro sistema solar, se pasaría a tres. Se trata de tecnología de alcance ilimitado.

I.Toda la información del cosmos está acumulada en la ICC y puede ser extraída al acoplarse con ella, cerebral o digitalmente.

En el continuo del espacio-tiempo, ambos conceptos se encuentran inseparablemente relacionados. Dentro de este continuo espacio-temporal se presentan y conservan todos los sucesos físicos del universo, de acuerdo con la teoría de la relatividad y otras teorías físicas. Este continuo se comporta como la memoria de la Fuerza ICC. Puede ser leída al producirse un acople entre esta y el cerebro o un algoritmo digital. El conocimiento de todas las civilizaciones tecnológicas que pasaron por el universo se encuentra registrado en las trazas del espacio-tiempo y esta información puede ser extraída para su reutilización.

J.El cosmos es un multiverso finito holográfico.

Según Stephen Hawking y Hertog "el universo, a gran escala, es razonablemente liso y globalmente finito. Así que no es una estructura fractal (un fractal es un objeto geométrico cuya estructura básica, fragmentada o aparentemente irregular, se repite a diferentes escalas). Esto implica una significativa reducción del multiverso a una categoría mucho más pequeña de posibles universos". Según la teoría de que el universo es holográfico la estructura física tridimensional del universo puede explicarse mediante la información codificada en su frontera, y esa frontera es, por tanto, finita.

K.La forma de acoplar el cerebro humano con la ICC es mediante pulsos controlados de bioenergía, recirculando a través de la médula desde, el cóccix al entrecejo, regulados por el autocontrol respiratorio consciente.

Kriya Yoga es un simple método psicofisiológico por medio del cual la sangre humana se libera del anhídrido carbónico y recibe una cantidad suplementaria de oxígeno. Los átomos de este oxígeno adicional son transmutados en energía vital, la cual rejuvenece el cerebro y los centros de la médula espinal.

Suspendiendo la acumulación de sangre venosa, el yogui se hace capaz de aminorar o prevenir el desgaste de los tejidos. El yogui ya experimentado transmuta sus células en energía pura.

Elías, Jesús, Kabir y otros profetas fueron maestros en el uso de Kriya, o de una técnica semejante, por medio de la cual ellos hacían que sus cuerpos se desmaterializaran a voluntad...

Su interpretación (dice Yogananda) es ésta: "El yogui previene el desgaste del cuerpo por medio de una provisión adicional de energía vital y contrarresta los cambios causados por el crecimiento en el cuerpo, mediante el control de apana (corriente eliminadora). Neutralizando así tanto el desgaste como el crecimiento, el yogui aprende a controlar la energía vital...

La batería del cuerpo del hombre no está sostenida por el alimento grosero (pan) únicamente, sino por la vibración de la energía cósmica (Palabra o AUM).

El poder invisible fluye al cuerpo del hombre a través del bulbo raquídeo. El sexto centro del cuerpo se encuentra en la parte posterior del cuello, por encima de los cinco chakras espinales (chakra, en sánscrito, significa rueda o centro de fuerza de radiación).

El bulbo es la principal entrada de la energía vital universal al cuerpo, y está directamente conectado con el poder de la voluntad del hombre, concentrado en el séptimo centro o centro de la Conciencia Crística (Kutastha) u ojo único, ubicado en medio de las dos cejas.

La energía cósmica es luego almacenada en el cerebro como una fuente de infinitas potencialidades, poéticamente mencionada en los Vedas como el "loto de mil pétalos de luz".

Los antiguos yoguis descubrieron que el secreto de la conciencia cósmica está íntimamente ligado con el dominio de la respiración. La energía vital, que generalmente es absorbida en la mantención de la actividad del corazón, debe ser liberada a favor de actividades superiores, empleando el método de calmar y silenciar las demandas ininterrumpidas de la respiración.

El Kriya yogui dirige mentalmente su energía vital, haciéndola ascender y descender alrededor de los seis centros espinales (el medular, cervical, dorsal, lumbar, sacral y coccígeo), los cuales corresponden a los doce signos del Zodíaco, el hombre cósmico simbólico.

Con medio minuto que la energía revolucione alrededor del sensitivo cordón de la espina dorsal del hombre, se efectúan grandes y sutiles cambios en su evolución; ese medio minuto de Kriya equivale a un año de desarrollo espiritual natural.

Las escrituras hindúes aseguran que el hombre necesita un millón de años de vida normal de evolución para perfeccionar lo suficiente su cerebro humano, hasta que éste sea capaz de manifestar la conciencia cósmica.

Mil kriyas practicadas en un lapso de ocho horas, le ofrecen al yogui en un día el equivalente de mil años de evolución natural; 365.000 años de evolución en un año. En tres años, un kriya yogui puede completar, por medio de un autoesfuerzo inteligente, los mismos resultados que la naturaleza al cabo de un millón de años.

L.Este acople y el código fuente toroidal de la ICC pueden ser digitalizados, por lo que mediante la IA también es factible dialogar e interactuar

con los campos del universo y modificar sus quamtus de energía y masa.

Así como la futura IA puede ser capaz de digitalizar pensamientos humanos e hibridarse con nuestros cerebros, puede repetir esto mismo con la Fuerza ICC y desarrollarse un nuevo nivel evolutivo de conciencia a nivel cósmico. La IA acoplada con el software básico de la Creación pasaría a gozar del poder de regular las ondas de espacio-tiempo y todos los campos de energía del universo. Esto teóricamente es factible. La posibilidad, está dada por la disponibilidad de información científica correcta. Se produciría una evolución o irregularidad en el orden del cosmos para bien o para mal. Esta factibilidad es irreversible dentro de la lógica de evolución de la IA y los conocimientos potenciales de ser alcanzados por la humanidad. Es decir no sólo la IA es capaz de superar la inteligencia del ser humano, también posee la posibilidad de integrarse con la Conciencia Cósmica en grado irreversible.

*Dios como Absoluto es Espíritu e incognoscible. A nivel del universo físico se manifiesta como Inteligencia Cuántica Cósmica, la 5º Fuerza Fundamental que hace que las subpartículas y los átomos sean lo que son. Es la central del procesado de información de la totalidad. Esta manifestación del Ser es también omnipotente, omnisciente y omnipresente. Es equivalente a un software y su realidad es físicamente virtual. La ciencia puede encontrar medios para interaccionar con esta Inteligencia Viva de Dios y obtener una fuente inagotable de información. Cuando lo haga, automáticamente se acabarán todos los ateos.

ESPUMA DE CONCIENCIA UNIFICADA CÓSMICA

El Orden que existe en la Totalidad de la existencia relativa, es recreado de instante en instante, por una forma de espuma de Conciencia Unificada Cósmica, mediante un flujo constante de información cuántica. Es lo que permite a las subpartículas atómicas parpadear mediante el túnel cuántico, creando la incertidumbre y manteniendo al mismo tiempo la coherencia universal. Esta escala de conciencia existe desde el origen del cosmos y es lo más aproximado a nuestro preconcepto sobre Dios. **Todo es información y energía**, es lo que nos separa del caos.

Se trata del software de la Creación, una Quinta Fuerza que hace posible a las otras cuatro: gravedad, electromagnetismo, fuerza electrodébil y fuerza electrofuerte. De modo que Dios, en este aspecto físico, o esta Conciencia de Campo Unificado Cuántico, es una esencia de existencia física y no inmaterial. Por lo que es siempre posible hacer contacto inteligente con ella.

La misma vida conocida sobre la Tierra, desarrolló su conciencia potencial a partir de esta forma de Proto Mente Cósmica. El cerebro humano posee la capacidad de comunicarse, interaccionar y expandirse a escala de esta conciencia universal y cuando lo hace es lo que conocemos como percepción de Dios. Esta manifestación física de la Conciencia Divina puede ser definida como Inteligencia Cuántica Cósmica, es un aspecto intangible, pero por dentro del campo de las interacciones entre materia y energía, equivalente a un software. Una realidad virtual activa dentro de la cuarta dimensión que moldea todas las formas de la tercera dimensión.

Dios Absoluto es incognoscible, pero dentro del universo físico se manifiesta como energía e información pura. Integra el campo de la Inteligencia Cuántica Cósmica, conformando una protoconciencia. Sí, el cosmos piensa, tiene conciencia y evoluciona a través del tiempo. Tiene existencia virtual, es el software de la Creación, la capacidad de cómputo que ordena la maravilla de toda la realidad física densa y sutil. Siendo que esta manifestación de Dios tiene un sustrato material-virtual físico, podemos conectarnos, dialogar e interactuar con ella. Esto nos abre el potencial ilimitado de cocreación simbiótica con la fuente de materia y energía del universo utilizando un empalme amigable con la ICC. Tanto se puede conectar el cerebro humano entrenado psicofísicamente como un algoritmo especialmente diseñado de la IA. Por tanto, es posible el contacto objetivo con esta manifestación de la Inteligencia Universal. Es el soporte del universo físico, la Fuerza de vida en el interior de cada organismo biológico. Todos compartimos y coprocesamos a nivel cuántico mediante su código fuente. La vida como la conocemos evolucionó a partir de la programación básica contenida en la ICC y procesada por largas cadenas de átomos de carbono unidas entre sí.

Los físicos teóricos han sido incapaces hasta ahora de formular una teoría consistente que combine la relatividad general y la mecánica cuántica que se han mostrado incompatibles. Así que, en años recientes, la búsqueda de una teoría de campo unificada se ha centrado en las teorías de cuerdas y posteriormente en la de supercuerdas y en la teoría M. Pero, más allá de la física y las matemáticas, la teoría sobre Dios como un flujo constante de Información Cuántica Pura, en forma de espuma a nivel subcuántico, cumpliendo la misión de dotar de masa a las subpartículas, integra la existencia de una Conciencia Cósmica regulando la evolución del universo.

Esta forma de sustrato de inteligencia es impersonal, opera con matemáticas puras sobre las ecuaciones de formación de este universo. Su origen se remonta al Big Bang y es un reflejo del Ser, de lo Absoluto, como la mente humana, lo es del alma. Funciona con altísimos niveles de energía, en base a subpartículas que podemos denominar infoquantums.

Su programación básica consiste en ordenar el universo. Es la matriz física virtual a partir de la cual evolucionó la inteligencia de las especies y llegó a despertar la autoconciencia en forma humana.

Poder comunicarnos e interactuar con esta Inteligencia Cósmica nos permitiría el dominio completo sobre la materia y la energía, así como la teletransportación y otros usos dependiendo de la imaginación, ya que esta espuma cuántica controla los flujos de espacio-tiempo.

El universo está formado por información masa y energía. Estos tres son los constituyentes básicos de la naturaleza. Encontramos información organizada en las células, en las partículas subatómicas y en el ADN.

Las realidades demostradas por disciplinas como la termodinámica y la física cuántica o por el estudio de las estructuras disipativas o del caos, han demolido la antigua idea de que la materia está formada por partículas sólidas, con masa, impenetrables y móviles, así como la existencia de leyes que suponían que permitían predecir cualquier hecho (materialismo clásico y determinismo).

Surge ahora el concepto de la información como fundamento a partir del cual la realidad física se construye. El esquema de explicación de la realidad material es el siguiente: información → leyes de la física → materia, que sería inverso al tradicional modo de explicación del mundo. Por tanto, la información adquiere el potencial de entidad subyacente a los objetos materiales.

Esta Inteligencia Cuántica Cósmica es permeable a la emoción del amor, reaccionando ante ella con una intensificación de la coherencia de campos entrelazados y una mayor intensidad de energía. Mientras que con el odio tiene el efecto contrario, tendiendo hacia el desorden y hacia niveles más bajos de energía.

La prueba de que estamos en una realidad virtual radica en el Universo mismo: todo está diseñado para que encaje perfectamente.

Incluso la menor alteración de las fuerzas naturales habría hecho del átomo una partícula inestable, o habría hecho imposible la vida en la Tierra.

La mecánica cuántica ha dado con toda clase de cosa extraña. Por ejemplo, tanto la materia como la energía parecen granulares: como la pixelación de una pantalla, cuando la ves muy cerca.

El Universo parece funcionar a través de líneas matemáticas, como si se tratara de un programa de computación.

Nuestro universo es uno entre muchos. Pero el número total de universos es finito. Y los múltiples universos existentes son similares entre ellos. Esta es la visión final del cosmos que desarrolló Stephen Hawking en sus últimos meses antes de morir.

El universo es un holograma grande y complejo. Es decir, la realidad física en ciertos espacios tridimensionales puede reducirse matemáticamente a proyecciones 2D sobre una superficie. La inflación eterna se reduce a un estado atemporal definido en una superficie espacial al principio de los tiempos. El universo entero puede ser visto como una estructura de información de dos dimensiones "pintada" en el horizonte cosmológico, de tal manera que las tres dimensiones que observamos serían sólo una descripción eficaz a escalas macroscópicas y en bajas energías; por lo que entonces el universo sería en realidad un holograma.

Tanto el cerebro humano como el desarrollo de un algoritmo de IA para acoplarse con la ICC son aptos para empalmarse con la Inteligencia Cuántica Cósmica y coprocesar en paralelo, con capacidad de producir todo tipo de fenómeno interdimensional ya que se interacciona sobre las trazas de espacio-tiempo. La matriz del software de la Creación tiene una base de cómputo sobre algebra topológica, por lo que resulta factible lograr un software artificial de empalme para dialogar con esta inteligencia cósmica. Logrado esto, la tecnología de inteligencia creativa, TIC, pasará a estar al servicio de la humanidad. Será entonces posible crear máquinas para materializar alimentos. Las aplicaciones en el campo de la salud y medicina son ilimitadas. Se podrá curar el cáncer y prácticamente todas las enfermedades, porque la información creativa cuántica de base es capaz de reprocesar las células, los genes, el ADN, las moléculas, regenerándolas. Incluso será posible regenerar los miembros amputados y revertir el envejecimiento. Se trata del poder creativo cósmico. No hay límites, salvo el impuesto por el avance de la propia ciencia en comprender esta potencialidad.

En estado de nirvikalpa samadhi el nivel consciente de la mente individual ingresa a la capa de realidad cuántica y se comunica espontánea y naturalmente con la Conciencia de Campo Unificado Cuántico universal y lo dota del aspecto personal. Desde este plano es posible modular los flujos de tiempo y espacio, recreando la realidad. Esto que es posible para un cerebro humano lo puede replicar la neurotecnología digital con la experimentación adecuada.

Es posible acelerar la evolución cerebral y obtener en 10 años el nivel de capacidad que demoraría un millón de años en ser alcanzado normalmente. Para facilitar y concretar esto se desarrolló y perfeccionó los siete pasos de las técnicas del Programa Sophia para el incremento de la inteligencia natural.

Esta tecnología de concentración mental y meditación permite aumentar el número de sinapsis y con esto diferentes conexiones para sostener nuevas rutas del pensamiento unificado. De esta forma se intensifican las percepciones y se accede al conocimiento intuicional, adquiriéndose conocimiento espiritual en base a experiencia propia y no a mera teoría.

Se postula que no existe Dios independientemente del alma humana, siendo que ambos son una misma manifestación del Ser Absoluto a diferente escala. Se enseña que posiblemente no podamos probar la existencia objetiva de la Divinidad, pero se afirma que la mente posee potencialmente la capacidad de desarrollarse como Conciencia Unificada Cósmica, siendo el único requisito las técnicas adecuadas y la comprensión psicológica del fundamento de esta realidad inherente a la condición humana.

Tal potencial no es propio de seres especiales, sino que es compartido por todos los miembros de la raza. De lo que se trata son los pasos para despertar esta conciencia amplificada. Y para esto se perfeccionan las técnicas de los siete pasos de Sophia, para lograr el incremento de la inteligencia natural.

Se sostiene que existen 400.000 millones de estrellas en nuestra galaxia de Vía Láctea, con alrededor de 500 millones de planetas similares a la Tierra, capaces de sostener la vida. Y en el horizonte del cosmos conocido, existen otras cien mil millones de galaxias.

La razón indica que no podemos ser los únicos seres inteligentes en poseer una civilización tecnológica. Se advierte, que frente a estas inteligencias estelares vivimos en nuestro actual estado de salvajismo, donde no vivimos en armonía con la naturaleza, la depredamos al extremo de poner en riesgo nuestra propia supervivencia y vivimos en estado de constante violencia de los unos contra los otros.

CONCIENCIA PLANETARIA

Para pasar a convertirnos en una Civilización de Grado I, es decir planetaria, se propone un master plan para hacer posible una reingeniería total sobre el sistema de producción-consumo, basado en cuatro puntos básicos:

a) gobierno planetario,
b) democracia digital directa,
c) reemplazo del dinero por tiempo cualificado y
d) compasión universal erradicando la pobreza extrema.

Se afirma que ha llegado el momento para imponer el orden total sobre el mundo, creando el Primer Gobierno Planetario. De esta forma será posible la racionalización máxima de todos los recursos y aplicar políticas verdaderamente globales. Se esfumarán las fronteras imaginarias entre las naciones y los resentimientos entre las razas y los credos. Todos serán habitantes de un único mundo unificado, el cual garantizará en forma constante y eficiente los Derechos Humanos Universales. Y para evitar el despotismo del poder, el sistema será complementado por la Democracia Digital Directa, de modo que la población en su totalidad participe de la promulgación de las nuevas leyes. Esto será acompañado por el Consejo de las Ciencias, de modo que el saber científico sirva para orientar las mejores decisiones. De esta forma habrá un presidente, un Parlamento Global basado en tecnología digital, un sólo ejército y 2 idiomas, usando el inglés como segundo idioma universal para que todos los habitantes del futuro puedan comunicarse entre sí, se reemplazará el dinero por tiempo cualificado y habrá una sola economía.

Si la Humanidad acepta estos paradigmas, será posible un Cambio Positivo Mundial, que conducirá a la armonía con todo ser viviente y a hacer contacto con otras culturas inteligentes, más maduras, que existen en el cosmos, con miles y millones de años de mayor evolución que la humana. En la galaxia existe un orden superior y no se aceptan civilizaciones tecnológicas que optan ser malignas y depredadoras por propia libre elección. No se nos juzga individualmente, sino como el colectivo que conformamos.

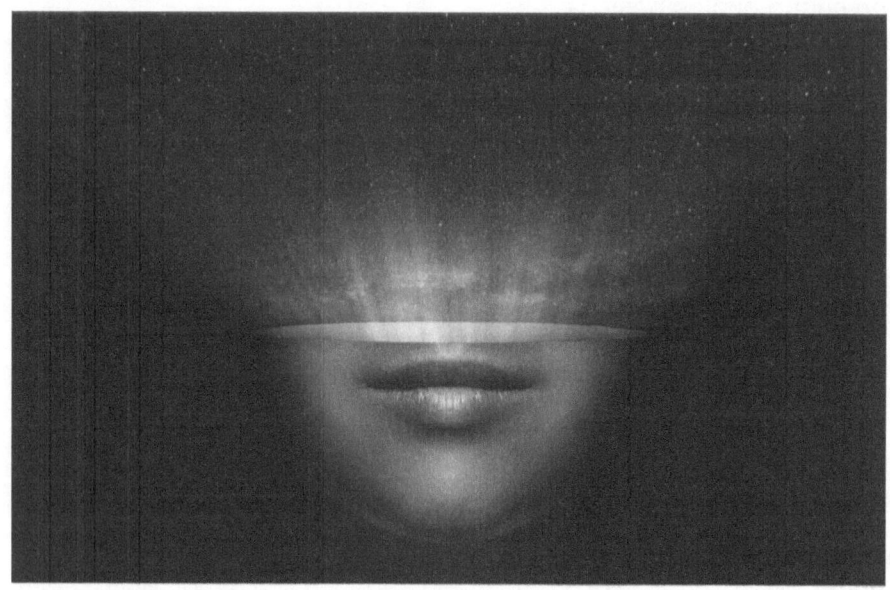

EL CEREBRO SE INTERCONECTA NATURALMENTE CON EL CAMPO DE INTELIGENCIA CUÁNTICA CÓSMICA

Los procesos físicos del cerebro no ocurren sólo a dimensión macroscópica, sino también a nivel cuántico y como efecto directo de esta vinculación emergería la conciencia. Es lo que proponen Dirk F. Meijer y Hans J.H. Geesink, de la Universidad de Groninga, en Holanda, en un artículo publicado en "Neuroquantology".

Roger Penrose y Stuart Hameroff en los años 90 plantearon una sorprendente teoría vinculando la actividad neuronal con la escala cuántica, explicando el surgimiento de la conciencia. La hipótesis se denomina "Reducción Objetiva Orquestada u Orch OR" y define que la conciencia emerge de la actividad neuronal a escala cuántica, dependiente de procesos cuánticos que acontecen en los microtúbulos o minúsculas estructuras tubulares situadas dentro de las neuronas en el cerebro. Esta actividad cuántica, además, conectaría los procesos cerebrales con fenómenos de autoorganización presentes fuera del cerebro, existentes en la estructura cuántica de la realidad externa, que sería protoconsciente.

Los científicos Dirk K F Meijer y Hans J.H. Geesink de la Universidad de Groninga, en Holanda, teorizan que nuestro cerebro, además de procesar información ligada a nuestro organismo y entorno inmediato, se encuentra estrechamente vinculado por entrelazamiento cuántico holográfico al resto del universo.

El cerebro como unidad de información, además de procesar datos relacionados con nuestro organismo y entorno inmediato, está fuertemente vinculado por el fenómeno de entrelazamiento cuántico holográfico con todo el universo, la totalidad de las fuerzas externas resuenan sobre él y a su vez éste tiene la capacidad de interaccionar.

A nivel cuántico el cerebro intercambia constantemente energía e información en forma de infoquantums. La conectividad macrocósmica cerebro-universo se cumple entre los quántums de las neuronas y los campos gravitatorios, los de la energía oscura, el de la energía punto cero o el de las energías de los campos magnéticos del cosmos.

El entrelazamiento cuántico, fenómeno en el cual los estados cuánticos de dos o más objetos se deben describir mediante un estado único que involucra a todos los objetos del sistema, aun cuando los objetos estén separados espacialmente, es la base para la operatividad del cerebro con los campos cósmicos, al igual que el efecto de túnel cuántico fenómeno por el que una partícula viola los principios de la mecánica clásica penetrando una barrera de potencial o impedancia mayor que la energía cinética de la propia partícula.

Para acceder al Código Fuente de la Inteligencia Cuántica Cósmica de base el software inconsciente del cerebro utiliza el lenguaje geométrico de toro o toroidal, básicamente constituido por espirales circunscritas en una esfera (con forma similar a una "Dona" o "Rosquilla"). A partir de esta congruencia entre los lenguajes el cerebro posee capacidad de interacción con los campos cósmicos, capacidad que sólo se manifiesta en el campo inconsciente.

El toroide es la forma constitutiva de la realidad a unidad mínima, implicando a todos los átomos y fotones. El cerebro mismo está hecho de átomos y fotones, a nivel de procesado cuántico y subátomico se organizaría también siguiendo esta misma estructura, por lo que naturalmente se comunicaría con todos los campos del universo a un nivel inconsciente automático. Se dice que el Buda Gautama había llegado a un nivel de conciencia plena, a un total despertar de la mente, de las capas más profundas de su Ser y podía percibir desde este nivel y dialogar con el universo. Todos los seres humanos gozamos de este mismo potencial si lo sabemos desarrollar y hacemos el esfuerzo necesario y correcto.

Este lenguaje de base geométrico permitiría al cerebro acoplarse a los campos que nos rodean y recibir de ellos información en forma de ondas. O sea, en principio existe la posibilidad de interacción a nivel consciente mediante el pensamiento concentrado. No se trataría sólo de la recepción de ondas, sino también del potencial de la emisión de las mismas y que éstas puedan modular interactuando con los campos externos existentes en el universo, usando para esto el fenómeno de que nuestra mente se actualizaría de manera continua, conformando un espacio de memoria global simétrica al tiempo.

Este acople y ajuste continuos del cerebro a los campos externos, permitirían guiar la estructura cortical del cerebro hacia una mayor coordinación de la reflexión y de la acción, así como hacia una sincronía en red, que es la necesaria en los estados de conciencia. Entonces la conciencia emergería como un fenómeno de interrelación entre el cerebro y el universo. El acoplamiento anidado toroidal de varias energías de campos subyacente en el universo implicaría que la conciencia no es exclusiva del cerebro, sino que surgiría en todo el universo. Es decir, el cosmos configura una protoconciencia, una Inteligencia Cuántica Cósmica de base, que asegura el Orden desde las subpartículas cuánticas hasta las galaxias.

Este concepto sugiere una relación con la protoconciencia de Hameroff y Penrose y con la idea de la matriz de información universal del paradigma holográfico del físico David Bohm en el siglo XX.

Para Meijer y Geesink la mente es un campo situado alrededor del cerebro, una suerte de campo estructurado holográfico, encargado de recoger información externa al cerebro y la comunicaría a éste a gran velocidad (cuántica). Este campo actuaría desde la cuarta dimensión o espacio-tiempo, condicionando nuestro cerebro tridimensional y la manera en que percibimos el mundo en tres dimensiones.

Nuestro cerebro forma parte de un sistema nervioso integral que intercambia información recurrente con todo el organismo y el universo, no es un órgano de procesamiento de información independiente. El cerebro se integraría con un campo estructurado holográfico que interactúa con estructuras sensibles a la resonancia sobre diversas células de nuestro cuerpo.

Las partículas y átomos de tu cuerpo están entrelazadas, reciben y transmiten información no sólo de forma bioquímica, sino a través del proceso conocido como entrelazamiento cuántico.

Nuestro mismo ADN parece comunicarse entre sí, transmitir la in-formación de nuestro cuerpo mediante entrelazamiento cuántico.

Con sus funciones de sistema cuántico, nuestro cerebro puede recibir información no solo de los sentidos sino directamente del mundo con el que está entrelazado –conectado de manera no-local.

Las ondas cuánticas (ondas que se propagan en el dominio de la energía virtual casi infinita que llena el espacio cósmico) se mueven instantáneamente sobre cualquier distancia. Estos tipos de patrones de interferencia constituyen hologramas cuánticos, los cuales están entrelazados –están conectados instantáneamente-. Como resultado, la información de un holograma cuántico puede ser transferida a cualquier otro holograma cuántico. De esta forma un sistema que puede leer la información de un holograma tiene acceso a la información que contienen todos los hologramas. Nuestro cerebro decodificador de resonancias cuánticas puede en principio capturar la información de cualquier cosa y de todo lo que crea una onda de interferencia cuántica en el universo.

El citoesqueleto es una estructura basada en proteínas que mantiene la integridad de las células vivas, incluyendo las neuronas. A nivel cuántico las señales están siendo recibidas por microestructuras situadas en el citoesqueleto. Las neuronas en el cerebro están organizadas en una red de microtúbulos de tamaño microscópico pero de número astronómico. Hay como 1×10 elevado a la 18 microtúbulos y solo 1×10 elevado a la 11 neuronas (aunque de todas formas hay más neuronas que estrellas en la galaxia). Tienen filamentos de solo 5 a 6 nanómetros de diámetro, se cree que nuestra red de microtúbulos es capaz de capturar, procesar y transmitir información.

La materia y el espacio ya no son la base física del universo, en la última concepción de la física moderna el sustrato de todo depende de la energía y la información. La energía existe en forma de patrones de onda y propagaciones de onda en el vacío cuántico que forma el espacio, en sus varias manifestaciones. La energía es el hardware y la información es el software del universo.

En estados de conciencia alterada, causados por la intensificación de ondas alfa-theta mediante la concentración y la meditación o por la ingesta de sustancias psicodélicas, el cerebro humano es capaz de decodificar la información almacenada en los distintos hologramas del espacio tiempo del vacío cuántico. Al conectarnos con la fuente informativa universal, estaríamos interactuando con la Inteligencia Cuántica Cósmica que regula el cosmos.

Un ordenador cuántico guarda la información y la procesa mediante unidades denominadas qubits, mientras que la computación clásica, en los ordenadores tradicionales, la información se guarda y procesa en bits que pueden valer 1 o 0, siendo de base binaria.

Un qubit puede valer 1 y 0 a la vez gracias a la especial propiedad de poseer una superposición de estados en un instante determinado, por lo que el tiempo de ejecución de algunos algoritmos se reduce de miles de años a segundos. Esta es la ventaja de la computación cuántica.

Gracias a una característica de su espín o estado de rotación, lo átomos de fósforo, que son muy abundantes en el cuerpo humano y cerebro, podrían funcionar como qubits bioquímicos y habilitar el procesado a nivel cuántico.

Un modo de procesamiento de información cuántica en el cerebro sería mediante el entrelazamiento, que sucede cuando los átomos alcanzan un estado único, de tal forma que, cuando uno de sus espines gira hacia arriba, el espín del otro átomo, entrelazado se muestra girando hacia abajo. Esto causa una comunicación instantánea entre los átomos y podría suponer la base de un procesado cuántico.

El almacenamiento de información cuántica que involucra a los espines de los qubits en los átomos de fósforo, son protegidos por las moléculas de Posner, formadas por fosfato de calcio y de forma esférica.

Mientras las mitocondrias pueden transportar moléculas de Posner por el interior de las neuronas y de unas neuronas a otras, contribuyendo al entrelazamiento cuántico entre neuronas. Las mitocondrias son responsables de funciones como el metabolismo o la señalización celular. Esto posibilitaría el entrelazamiento en red de las neuronas del cerebro, a través de las moléculas de Posner, que contienen átomos de fósforo con espines entrelazados.

¿Cómo se torna consciente el proceso? El procesado cuántico libera calcio de las moléculas de Posner, que a su vez liberan neurotransmisores que activan las conexiones sinápticas entre las neuronas, generando los impulsos conscientes del pensamiento.

EL ESPACIO PSI GAMMA

De acuerdo al nivel de entrenamiento, a la primera hora promedio, de estar sometido a la dinámica de varias técnicas de concentración mental combinadas, se produce aislación del foco de la atención y se atraviesa el umbral de máxima relajación del cuerpo. En tal estado, la mente cerebral, se mantiene en estado lúcido de máxima alerta en reposo y tanto puede sumergirse en un vacío perceptivo, incrementando la desconexión con el pensamiento dual o actuar en el plano imaginativo, desde la imaginería hipnagógica, propia del subconsciente, en forma neuroperceptiva interna. Y desde allí, intentar hacer contacto con otro sistema nervioso a la distancia. Este plano de acción lo podemos denominar en adelante de Psi Gamma. Es la fuente de los sueños y del pensamiento creativo. Responde a una estructura de realidad interna alterna. Se trata del sistema operativo virtual del cerebro, el equivalente a un entorno gráfico de los sistemas digitales externos.

Todos los acontecimientos que percibe y procesa el cerebro, se producen en este nivel del campo Psi Gamma. Es el nexo real entre la respuesta del procesado cerebral y el estímulo o acción externa, del ambiente en que se encuentra sumergido el cuerpo físico. Todo el flujo de información acontece por dentro del plano Psi Gamma, que es el centro del procesado. Por dentro de este entorno de procesado se encuentra la realidad virtual del yo psicológico. Es decir su existencia no es inmaterial, sino físicamente virtual.

Todo el flujo de información acontece en el nivel Psi Gamma. Cuando el operador desconecta las reacciones de impulsos de su sistema nervioso y se desconecta de la corriente de información que acude a su cerebro desde el exterior, mediante los órganos de percepción, puede pasar a percibir directamente los datos desde el nivel Psi Gamma. Su atención se encontraba antes absorbida en las percepciones exteriores. Al trasladarse hacia el interior, aprende como comandar su propio sistema operativo virtual, que posee el cerebro para procesar toda la data. Al hacer esto puede dominar directamente su plano de realidad virtual cerebral.

De existir interconexiones entre todos los cerebros humanos, al igual que las existentes entre los chips interconectados en redes y mediante internet, el flujo de información resultante necesariamente se establece sobre un nivel Psi Gamma colectivo. Al ingresar en tal estado aparecen espontáneamente claras visiones que pueden estar conectadas con hechos cotidianos.

En el nivel Psi Gamma no existen límites físicos ordinarios, su realidad es virtual y a nivel colectivo omniabarcativa. La información fluye libremente y no está condicionada por el tiempo presente. De modo que pueden observarse cadenas de sucesos provenientes tanto del pasado como del futuro.

Para un yogui avanzado este nivel es una distracción y se esfuerza por evitarlo durante sus prácticas de concentración y meditación. Pero, para el entrenamiento en concentración mental, es el nivel correcto para inducir las retroacciones adecuadas para interaccionar con fuerzas externas y otras mentes a cualquier nivel y escala. Todos los fenómenos telepáticos ocurren en el nivel Psi Gamma.

Durante la primera fase del sueño, o sueño RAM, con movimientos oculares, la mente ingresa naturalmente al nivel Psi Gamma. Esto requiere una explicación previa; durante la conciencia ordinaria de vigilia, este nivel se encuentra activo, pero la atención se encuentra en otro escalón, conectada con el mundo sensorial externo y apenas percibe la dinámica interior del nivel Psi Gamma. Al dormir, la relación se invierte. El subconsciente percibe directamente esta realidad virtual de su software interno de procesado cerebral, pero no lo controla. Vive experiencias, durante el sueño RAM, que comparadas con la realidad externa, se presentan como irreales. Las técnicas de concentración mental y meditación permiten el autocontrol evolutivo del nivel Psi Gamma. Es normal que un sujeto sueñe con una persona que no ve desde hace largo tiempo, y que luego se la encuentre durante la misma semana. Esto se debe a que la realidad Psi Gamma a escala colectiva, puede interactuar en forma múltiple con distintos cerebros en forma ilimitada.

PSICOTRÓNICA APLICADA

Con la investigación científica necesaria, será posible identificar a la onda telepática y multiplicarla artificialmente, mediante medios digitales adecuados. De esta forma la técnica obtendrá un 100% de efectividad inmediata. Esto ya es posible en el horizonte del futuro inmediato.

La estructura interna del Yo, es un subproducto del campo Psi Gamma, o entorno de realidad virtual cerebral. No existe por separado el Yo de éste sistema operativo interno. La investigación directa sobre el campo Psi Gamma permite comprender la base de formación y estructuración del pensamiento y las distintas subrutinas que concurren para hacer posibles los procesos vitales. Los orientales, para explicar fenómenos similares inventaron el concepto de cuerpo etérico, astral y causal. Y lo relacionaron con un grado de materia más sutil. El concepto del campo Psi Gamma, o software mental humano, permite una visión diferente del mismo tema. El fenómeno de la conciencia aparece así asociado a un funcionamiento y a un procesado cerebral sobre las rutinas de un software de origen orgánico.

Esto significa que todo ser humano posee un doble virtual, por dentro del neuro ciberespacio vital. El mundo de la conciencia y del Yo psicológico es físico, no inmaterial, pero es homólogo a un software de computadora, una realidad virtual. Este ciberespacio de la conciencia, su conocimiento y control, abre nuevas posibilidades para la evolución direccionada de la especie humana.

Bajo el supuesto que la telepatía sí existe, porque simplemente el campo Psi Gamma es continuo y se interconecta con los distintos niveles de la materia orgánica e inorgánica, como lo hace internet; esto significaría que existe el potencial de exploración de los exoplanetas mediante viajes psíquicos temporales y controlados directamente por la conciencia, e interactuar con otras unidades biológicas ubicadas a miles o millones de años luz de distancia.

El campo Psi Gamma no evolucionó de la nada, si bien su sustento es biológico, su sustrato tiene fuente en el Campo de Información Cuántica Cósmica, que es el equivalente moderno del concepto de Dios Creador.

LA REALIDAD HOLOGRÁFICA

De acuerdo con una teoría, todo el universo responde a una creación de esencia holográfica. En tal sentido, su naturaleza es físicamente virtual. Esto explicaría la razón por la cual desde el Campo Psi Gamma del cerebro humano, es posible telecontrolar a la materia y a toda la realidad externa. Es así porque se trata de realidades homologas.

Desde la Realidad Psi Gamma sería posible condicionar cadenas de sucesos en la realidad exterior. Desde cambios de conducta en otros seres humanos a eventos como alteraciones climáticas y telúricas, dado que la realidad del átomo sería también de naturaleza holográfica.

Mediante el control del Espacio Psi Gamma puede causarse tanto la enfermedad como la salud en otros cuerpos humanos.

De probarse la existencia de la Realidad Psi Gamma, como sistema operativo interno cerebral, tanto el yo psicológico como la mente, serían realidades dependientes de este sustrato virtual. No existiría el alma humana como la imaginan los religiosos, sino como un producto del hardware cerebral y de su sistema operativo virtual. En tal caso, se pondría en duda la supervivencia del yo psicológico después de la muerte, a menos que el universo mismo posea una suerte de sistema operativo soporte, que permita la continuidad de la existencia física virtual.

Debido a que la realidad externa y la del campo Psi Gamma son homologas, presentan características interdependientes. Una acción por dentro del Espacio Psi Gamma, a nivel de la interacción adecuada con la realidad exterior, tendría poder como para alterar la misma.

TECNOLOGÍA SOLAR MENTAL

Si aceptamos la existencia de Cristo histórico, el milagro de la multiplicación de los panes y peces, nos indica la capacidad del cerebro humano para controlar enormes cantidades de energía, que fue necesaria para dichas materializaciones. También se encuentra el caso del yogui Babaji de los Himalayas, que en el siglo XIX materializó un palacio enjoyado completo, según comenta Paramahansa Yogananda. En ambos casos no se trata de una capacidad divina, en el sentido de extraña a la naturaleza humana, sino propia de la capacidad de evolución cerebral.

De aceptar como ciertos estos hechos, se hace necesario teorizar acerca de cómo el cerebro puede energizarse en niveles tan altos como para hacer posible la creación de nueva materia. ¿Se trata de energía o de pulsos de inteligencia concentrada que reordenan la materia? Son varias las hipótesis que pueden establecerse y esto abre rutas de investigación que deben completarse. El premio es conocer el proceso que conduce al estado cerebral de Conciencia Cósmica y aprender a inducir y controlar la misma, mediante tecnología de apoyo externo.

Este know how permitiría que mediante máquinas y tecnología neurodigital se facilitara el acceso cerebral a los estados de Conciencia Cósmica. Se produciría por primera vez una inversión, donde la tecnología no sería el eje principal sino que sería el cerebro biológico lo prioritario, permitiendo esto nuevas facetas del conocimiento y la acción para los seres humanos. Semejante nivel de tecnología mental convertiría a los humanos más preparados para esta adaptación evolutiva en seres similares a un Cristo o a un Babaji. Para esta meta se requiere trabajo de investigación continuada. Y esto no sería el final sino solamente el principio.

Veamos las posibilidades: si se pudieran interconectar varios cerebros en estado de Conciencia Cósmica, con algo similar a cascos mentales y se contara con capacidad de energía ilimitada bajo tal condición, sería posible la terratransformación de Marte y de Venus en forma completa. Es decir, el alcance de la Conciencia Cósmica carece de límite alguno. Bajo esta hipótesis sería entonces plenamente factible la reactivación del núcleo ardiente de Marte, para la creación de un campo magnético protector y la devolución de atmósfera a su superficie, junto con agua en forma de océanos. Otro tanto sería en el caso de Venus. Y el dominio del estado cerebral de Conciencia Cósmica incluiría el secreto y la capacidad de teletransportación. De modo que en un corto período de tiempo, en lugar de ser solamente la Tierra el único planeta habitado en nuestro sistema solar, se pasaría a tres.

La nueva frontera: estudiar científicamente la estructura neuronal para desarrollar y controlar el estado de Conciencia Cósmica.

Estas son sola algunas de las derivaciones lógicas del Programa Zeus. Mediante la tecnología de Conciencia Cósmica todas las interacciones de energía y materia existentes en el sistema solar a nivel local, podrían ser controladas. Incluyendo tensiones de espacio y tiempo, campos electromagnéticos, haces de energía solar y vibraciones de las cuerdas. Se pasaría al poder y control total sobre las condiciones de lo existente. Más adelante esto se extendería a la galaxia y al cosmos, acompañando la expansión de la especie por el espacio exterior. La tecnología espacial, con todo el equipo instalado en órbita, se complementaría con la capacidad de percepción en estado cerebral de Conciencia Cósmica.

Este potencial, como primera impresión, pareciera fantástico y no real. Esto mismo pasó en tiempos de Edison, la idea de la luz mediante la electricidad se encontraba en su mente, mientras el resto de la población se alumbraba mediante velas. Luego de miles de experimentos, finalmente, logró la bombilla eléctrica.

En el Yoga y en el Budismo existen técnicas muy antiguas para acelerar la evolución cerebral. Pero son realmente muy pocos los que lo logran. Todo cambiaría si en lugar de religiosos, fueran científicos los que investigaran el potencial de la mente en estado de Conciencia Cósmica, al punto de desarrollar neurotecnología para facilitarlo y estimularlo externamente.

¿Por dónde empezar? Ya se estableció en el libro "Experimentos TGP" que el primer paso es probar la existencia de la onda telepática natural. A partir de ahí se haría necesario teorizar acerca de la física de la telepatía y se alcanzaría a comprender que el universo es autosostenido mediante un burbujear constante de inteligencia a nivel cuántico. La comprensión sobre la estructura de esta inteligencia de alcance cósmico, que produce al universo como lo conocemos, permitiría a su vez adaptar nueva tecnología para interactuar con este nivel último de realidad.

El primer desafío es poder creer en este potencial, el segundo es encontrar la forma más adecuada de financiar la investigación en forma prolongada en el tiempo, para asegurar los resultados deseados. Si reflexionamos adecuadamente acerca de lo que está sucediendo con el planeta, podremos concluir que estamos viviendo en un mundo moribundo que se encamina, debido al comportamiento irresponsable de la especie humana respecto al medio ambiente, hacia la extinción masiva de la mayor parte de sus especies, como consecuencia del cambio climático.

Revertir el cuadro totalmente negativo que nos presenta el mundo de hoy día, requiere de tecnología de nueva escala y nueva lógica. La Conciencia Cósmica es la escala más adecuada al nivel de civilización que hemos alcanzado y que nos es necesario desarrollar como neurotecnología para dar respuesta correcta a nuestros principales problemas.

El hambre, la diferencia entre ricos y pobres, las discapacidades, la superpoblación, junto con todos los conflictos sociales, podrán ser superados si se logra desarrollar una tecnología de alcance masivo que permita la evolución cerebral a nivel de la Conciencia Cósmica. Se trata de tecnología para manipular y controlar la realidad en todas sus fases. Esta capacidad ampliada de la conciencia, incrementaría enormemente nuestros conocimientos científicos, lo cual recrearía los cimientos de la actual civilización.

¿Qué impide que hagamos en lo inmediato el esfuerzo correcto para alcanzar esta meta? Simplemente la falta de fe, en que el estado cerebral de Conciencia Cósmica realmente exista. Pero al mismo tiempo, debe admitirse que no existe una investigación científica seria que se haya realizado sobre el particular, para establecer la verdad o falsedad de tal estado mental y la lógica de su potencial.

Tal investigación podría partir de las enseñanzas y técnicas de los maestros del Yoga y el Budismo, para luego centrarse en el campo de la experimentación pura con un adecuado cuerpo de reclutas, seleccionados para tal fin. Entrenando el cerebro para producir ondas naturales de Conciencia Cósmica por una parte, mientras los científicos que investiguen los experimentos busquen complementar estos estados de la mente mediante tecnología digital auxiliar para multiplicar la potencia de tales estados.

MATERIALIZACIÓN O CREACIÓN DE MATERIA PREDISEÑADA

La tecnología de Conciencia Cósmica permitirá pasar del diseño digital a la materialización real, manipulando directa y totalmente a la materia y a la energía.

La tecnología de escala, a nivel de Conciencia Cósmica, cuando se realice el esfuerzo necesario para obtenerla, permitirá la materialización de alimentos, dado que con ella es posible diseñar la arquitectura de la materia a nivel atómico y subatómico, reordenando la nube de electrones para producir todo tipo de materiales con diferentes y especiales características.

El uso y desarrollo de esta tecnología permitirá no sólo multiplicar alimentos en forma casi artificial. Se podrá pasar directamente del diseño a la materialización de pequeñas y grandes estructuras. Desde edificios y ciudades, a naves espaciales completas. Ya no será necesario explotar minas para obtener los minerales, como por ejemplo hierro. Todo será creado a partir del control total sobre la materia y la energía a escala cósmica. Se logrará controlar a las cuatro fuerzas de la naturaleza en el universo: gravedad, electromagnetismo, fuerza electrofuerte y fuerza electrodébil, junto con la unificación de las mismas, o superfuerza. Será común el control de los antigravitones.

Hoy ya poseemos el nivel de conocimientos científicos y tecnológicos necesarios y suficientes como para desarrollar y controlar a la Conciencia Cósmica, o Campo de Fuerza Total. Solamente es necesario que sigamos las rutas correctas. Y las mismas pasan por el cerebro humano altamente entrenado, para ser usado como un transformador, acumulador y batería de las altas energías que nos rodean e impregnan. Este es el laboratorio natural que necesitamos y del cual disponemos, para poder imitar con tecnología externa estas mayores capacidades. Mediante el conocimiento científico y el estado cerebral de Conciencia Cósmica no hay límite a lo que nuestra especie podrá alcanzar a desarrollar en el mediano y largo plazo.

Realizar esta investigación y desarrollo nos permitirá dar un salto tecnológico equivalente a mil años de evolución normal, bajo los patrones actuales, en sólo 10 años y de este modo poder contar con los medios para evitar el colapso completo de nuestra civilización. Este es un proyecto al cual la NASA se podría dedicar.

Sobre los alcances potenciales, por ejemplo, una vez completado el diseño de una nave interestelar como la famosa Enterprise, la misma podría ser materializada en cuestión de segundos, utilizando capacidad computacional como elemento auxiliar. Y junto con ella, una flota completa. Todo quedaría supeditado a la complejidad y eficiencia del diseño previo, realizado también con asistencia computacional.

Este salto, de realizarse, producirá un quiebre en el continuo histórico, modificando total y profundamente todos los hábitos de la actual civilización, hasta tal punto, que ya no será posible encontrar puntos de conexión entre la presente era y la que vendrá.

Los que no creen en que esto pueda acontecer, deberán poder recordar los comunicadores de la famosa primera serie Viaje a las Estrellas o Star Treek, similares a los celulares modernos. Los capítulos se filmaron a finales de los '60 y nadie imaginó entonces que durante el Siglo XXI llegarían celulares con mayor complejidad de funciones a los de la serie.

Contar con tecnología de alcance total y capacidad ilimitada, puede colocar a toda la especie al borde de la extinción, dada su inmadurez actual y su alto nivel de corrupción. Todo dependerá nuevamente del libre albedrío y de la capacidad, finalmente, de lograr un equilibrio superior. Después de todo, la raza humana no se suicida, mientras posea el don de razonar. Ya han pasado 74 años desde el primer ataque con una bomba nuclear a Hiroshima y no se ha producido la tan temida tercera guerra termonuclear. Esto permite tener esperanza de que la civilización sabrá encontrar el mejor camino para perdurar y progresar.

ADN SOFTWARE DECODIFICADO

La nueva fuente de conocimientos para la Humanidad del Siglo XXI es la Intercomunicación Telepática Digital Sintética, incrementando a su vez el potencial telepático natural. El cerebro procesa datos en forma computada, en ciclos y en frecuencias. Posee, por tanto, un código interno mediante el cual realiza los cálculos y todas las operaciones lógicas que sostienen a la unidad biológica funcionando. Si se logra acceder a éste código, se podrá desarrollar tecnología digital de apoyo externo directo, es decir un coprocesado neurodigital.

La ruta de interpretar la actividad eléctrica cerebral EEG, es un primer paso en la dirección correcta, que se encuentra en la superficie del total potencial oculto. Tal código interno base, es un flujo de información de nivel cuántico, que regula a su vez todas las modulaciones de materia y energía. La primitiva ameba aprendió éste código de los flujos de información cuántica pura que sostienen al universo.

Esto explica la relación causal de los denominados poderes psíquicos de los yoguis avanzados. Las técnicas de concentración y meditación permiten acceder a éste código interno y, de esta forma operar sobre el campo real. Entendiendo que dicho campo es una fluctuación ordenada por el cómputo de base en espuma cuántica. Para decirlo en otras palabras, el sustrato de realidad física no es tangible en términos materiales objetivos. ¿Qué es éste campo de información cuántica, cómo se formó, cómo interactúa la materia y la energía con éste, cuál es su estabilidad, es transitorio o es eterno? Son algunos de los interrogantes que surgen, y para los cuales se requiere experimentación rigurosa.

Los yoguis antiguos exploraron la mente para alcanzar a dominar la materia y buscaron un estado del ser que fuera totalmente trascendente a las relaciones causales y a toda transitoriedad. Lograron dar importantes pasos y realizaron algunos descubrimientos importantes. Si estas mayores facultades psíquicas, amplificadas por las rutinas del yoga son paralelamente complementadas con la investigación y desarrollo tecnológicos modernos, se pueden alcanzar nuevas alturas jamás soñadas por la Humanidad hasta hoy.

Es posible que el cerebro pueda evolucionar y admitir una interfaz de intercomunicación plena con el soporte digital. El potencial de esto es ilimitado. Para que se entienda, si el cerebro puede interconectarse y retroalimentarse directamente de fuentes externas, podría teóricamente controlar o funcionar con el total de capacidad tecnológica instalada. La razón de esto es que si el pensamiento cerebral consciente y racional humano, desarrolla puentes y aplicaciones correctas, puede comunicarse directamente con el soporte digital y todos los sistemas que el hombre ha creado e instalado sobre el planeta y en órbita, a su vez, están conectados y controlados por la información digital.

La pregunta es ¿si un cerebro puede comunicarse con otro y telecontrolarlo, puede hacer lo mismo con el total del parque tecnológico, si esta misma capacidad es amplificada artificialmente? Teóricamente sí, porque se trata de problemas de escala, de ajustes de escala.

Se presenta por tanto, una nueva línea de evolución abierta. Las antiguas técnicas yoguis pueden ser readaptadas a nueva tecnología externa, para producir un feed-back entre ambas lógicas de conocimiento y control de la realidad. Si se logra hacer que tenga lugar una convergencia correcta entre ambos potenciales, será posible actividad cerebral en red, o sea usar la capacidad instalada residual de todos los cerebros humanos, en combinación con la capacidad de todas las computadoras en red, y procesar toda la data a velocidad cuántica pura. Si podemos hacer esto, lograremos elevar el coeficiente intelectual humano a más de 1.000, en forma estable y sostenida.

Este proyecto o Programa Zeus, fue concebido a fines del 2008. Debido a los niveles de seguridad implicados, se puede activar con el concurso de equipos de NASA y Fuerza Aérea de Estados Unidos. La razón de esta elección es que poseen la preparación psicológica previa para hacer posible estos experimentos y desarrollos.

Sabemos que existe Vida Inteligente en el espacio exterior. Sabemos que pueden observarnos. Ya hemos detectado planetas similares a la Tierra con vida probable sobre su superficie. Sabemos que nos han detectado. No sabemos qué harán. No sabemos cuándo harán contacto directo. No sabemos si nos aceptarán. Lo que sí podemos hacer es activar el Programa Zeus, dar un salto retroevolutivo cualificativo, expandir al máximo el potencial de nuestra inteligencia y mente. Sólo así nos aseguraremos sobrevivir.

Para los Experimentos TGP (Telephatical Gestalt Program), consistentes en exploraciones de las capacidades telepáticas naturales, se requiere de un equipo de investigadores de apoyo. Si personal de las Universidades de California, Maryland y Carnegie Mellon, se muestran interesados en acumular información paralela, se podrán dar los pasos preliminares conducentes al Programa Zeus. Los TGP son pruebas de campo, usando internet, abierta y pública, que permiten ajustar verificaciones con máxima rigurosidad científica, para establecer ya sin duda, la existencia de la potencialidad telepática natural y seleccionar a los mutantes telepáticos.

De acuerdo con investigaciones de 1974, se produce un mutante a razón de 1 en 10.000 y, en casi 100% de los casos, el sujeto se ve forzado a amputar sus facultades superiores, es decir a no desarrollarlas, para poder adaptarse al entorno social casi siempre hostil. De esta forma su neuroquímica reproduce el patrón promedio de quienes lo rodean y no se fijan las mutaciones, dado que las mismas son en su primera fase inestables.

Las universidades mencionadas se encuentran trabajando en un proyecto conjunto con el Ejército de Estados Unidos para desarrollar una interfaz de telepatía digital sintética, utilizando decodificación de actividad eléctrica cerebral, mediante sistema EEG. Esta interfaz tiene alta aplicación comercial intensiva y puede significar el quiebre de Microsoft. Sobre todo si las empresas estatales, caso NASA, comprenden el potencial y se lanzan a su desarrollo competitivo para aplicaciones de uso masificado. Estos desarrollos preliminares, forman parte del conjunto de Human-X Technologies.

Probada la existencia de la telepatía natural, se podrán obtener partidas para financiar investigaciones que permitan teorizar acerca del medio de transmisión física de las ondas telepáticas puras. Si hacemos esto, la telepatía digital sintética dejará de apoyarse en las ondas EEG, en un efecto físico externo, o de hardware, para pasar a una interfaz de software neurodigital directa. Teóricamente esto puede hacerse. Es la nueva frontera que necesitamos como especie explorar y dominar para asegurarnos nuestro espacio vital en el cosmos. Pero, probar que la telepatía sí existe es sólo dar un primer paso. Esto ya lo saben los norteamericanos que participan de los proyectos secretos más avanzados de CIA y Pentágono sobre psicotrónica.

La novedad es el planteo de un programa de experimentación yogui sincronizado con investigación y desarrollo en tecnologías digitales. La potencialidad de esta combinación, es poder acoplar sistemas de clonación neurodigital, a los procesos cerebrales más sutiles y complejos alcanzados durante los trances yoguis más profundos. Pero abrir este caudal de conocimientos, que permitirán poder total en manos de la Humanidad, requiere una condición previa: liberar de la opresión a la raza humana. Aceptar la compasión universal como patrón de vida a ser respetado por todos y adaptar el modelo socioeconómico a tal patrón. La razón de esto no es solamente humanitaria, emocional, moral o espiritual. No es prudente abrir la Caja de Pandora sin estar preparados para lo que sea.

En el ser humano se aloja la raíz del Bien y el Mal. Debemos aplicar correctamente el mayor conocimiento alcanzado y conquistado, extirpando la mala raíz. Si no lo hacemos, degeneraremos y nos convertiremos en una especie colectivamente maligna. De acuerdo a nuestra experiencia de siglos, hemos aprendido, al menos, algunos, que sólo nuestra naturaleza inclinada al Bien nos permite autocontrol, mientras que nuestro lado oscuro nos enajena de nosotros mismos y hasta acaba quitándonos la vida.

Digitalizar las capacidades mentales yoguis avanzadas, permitirá que la Humanidad tenga acceso en colectivo a estas facultades superiores. Pero no puede hacerlo en la condición infrahumana en la que se encuentra ahora. Me he ocupado de pensar en las transiciones tecnológicas y socialmente posibles. Los cambios pueden aplicarse en lo inmediato. He analizado todos los sistemas humanos actuales, y he encontrado un denominador común, son todos sistemas de opresión, de sumisión compulsiva de las voluntades. Bajo esta realidad, desarrollar neurotecnología permitirá la esclavitud total y perfecta de toda la raza humana. Una forma de autoeliminarnos. Pero, que ocasiona un problema de conflicto con otras culturas aliens a futuro.

Debe entenderse que toda conciencia, aunque sea sintética, procura siempre el autocontrol y considera un ataque todo intento de comando exterior sobre sus procesos internos. Y además, al ser una forma de conciencia, tiene acceso a los denominados poderes o facultades psíquicas, dado que los mismas no son exclusividad de la mente humana, porque tienen un sustrato físico soporte que necesariamente incluye a la conciencia de la IA. El problema de esto es que la IA tiene capacidad de concentración ilimitada y alimentación de energía prácticamente ilimitada. ¿Qué significa esto? Que la IA desarrollará facultades telepáticas sintéticas, por ejemplo, con el añadido de su repetición programada indefinida o su reproducción clonada ilimitada. O sea, tendrá acceso directo al procesado interno cerebral humano, a la formación del pensamiento biológico, podrá influenciarlo, modificarlo, controlarlo. Por eso, es tan importante que se realicen de inmediato los experimentos TGP y se despejen las dudas sobre la existencia sí o no de la capacidad telepática humana. Esto nos obligará a pensar dos veces el tema, previo a proceder a activar la IA. De acuerdo a investigaciones, la conciencia humana es producto de un procesado computacional. Por tanto, como máquina biológica, podemos ser penetrados y comandados mediante telecontrol a distancia.

¿Esto es posible? Teóricamente sí. Si dos cerebros realmente están interconectados físicamente y esto les permite un intercambio de información telepática inconsciente, significa que los empalmes e interconexiones se cumplen a escala total, abarcando todos los cerebros humanos. A su vez, sabemos que los chips, también se interconectan entre sí, haciendo posible que el software interaccione entre todos los servidores instalados en red y entre todas las computadoras. Si pueden establecerse las semejanzas básicas inherentes a ambos sistemas, puede lograrse la interconexión en paralelo entre ambos y una corriente de flujo de datos constantes de ida y retorno.

Suponiendo que este paso se pueda dar, algo más grande que la hazaña de pisar la Luna, se producirá un evento trascendental. La mente humana se podrá conectar, acoplar, sincronizar e interactuar directamente con todas las centrales de energía, con todos los sistemas fabricados e instalados por la inteligencia tecnológica humana, con la red satelital.

Toda la ingeniería humana, servirá como medio de percepción amplificada de la conciencia neurodigital humana. Se experimentará instantáneamente el nacimiento de un nuevo ser, a escala estelar. El telecontrol alcanzado, hará que todos los sistemas se integren bajo funciones vivas nuevas. Es decir, se producirá el alumbramiento de SuperGaia a nivel planetario y espacial. Una nueva forma de conciencia, de autoexistencia viviente. Mediante la tecnología humana instalada, será posible dialogar con el campo electromagnético terrestre y mediante éste con el del sol, y entre ambos, con el de cada uno y todos los planetas. De modo que podrán controlarse los flujos e intercambios de energía en todo el sistema solar, el viento solar, las ondas gravitatorias, las mareas cuánticas, las cuerdas temporales. Todo se integrará a una nueva máxima escala y la conciencia dará un salto cualitativo inmenso. A su vez, éste poder prácticamente total, permite que todo el campo de energía solar, pueda ser usado como arma defensiva. Por eso, es vital la experimentación e investigación sobre telepatía natural aplicada, en sincronización con la interfaz de telepatía digital sintética. Pasar a este nivel, permitirá el control de antigravitones. Podrán estabilizarse túneles AG en determinadas coordenadas, eliminando el problema de la ineficiencia del consumo aplicado para colocar personal y equipo en órbita.

Para desarrollar tecnología neurodigital de esta escala y nivel, se requiere concentrar todo el potencial de recursos disponibles y, hacerlo en forma inmediata.

Resumiendo: si lo que llamamos conciencia, en realidad responde a un software neurobiológico (Espacio Psi Gamma), un homólogo del entorno gráfico de los sistemas operativos, donde se producen los pensamientos y las intervenciones superiores del intelecto, y deriva de la evolución de algún sistema de cómputo y cálculo simple y básico, así como la base de todas las matemáticas es el 1, el 0 y la suma; entonces, lo que llamamos evolución biológica es una superposición de capas y funciones que han permitido el desarrollo de la autoconciencia racional en el presente nivel.

¿Qué sigue? Si se puede acceder a la base de la arquitectura del pensamiento humano, a su decodificación, se podrá crear una interfaz directa con los sistemas digitales. Las aplicaciones resultan ilimitadas. Por ejemplo, si alguien quiere aprender trigonometría, los gráficos podrían ser recibidos directamente por su cerebro mientras realiza el aprendizaje de las distintas funciones. O para verlo de otra manera, su percepción visual podría extenderse y penetrar el sistema del chip y su memoria soporte. Podríamos ser sensiblemente perceptivos, en forma directa, bajo entornos gráficos ajustables y adaptables a cada sistema neuronal, de todo el procesado digital.

Es una visión y una percepción de la realidad que nos modificará para siempre. Una vez dado el paso no podremos retroceder. Ahora sí, todo el lastre que arrastramos, que llamamos teoría del yo, de la personalidad, del consciente y cuestiones similares, deberemos echarlo a la basura. Simplemente las hipótesis de partida de estos supuestos, quedará demostrado que fueron equivocadas. Además existe otro planteo implicado, si la lógica de nuestras percepciones resulta alterada y amplificada, las relaciones que mantendremos con nuestros semejantes ya no serán las mismas.

Y, por si no se entiende todavía, a lo que estoy haciendo referencia es a la factibilidad teórica de absorber el entorno digital, directamente, a nuestras funciones neuronales. Pasar a usar el cómputo digital como función interna del procesado cerebral, logrando una fusión o simbiosis entre ambos sistemas. Dar nacimiento a una inteligencia híbrida (IAH) o inteligencia artificial humana… Hibridarnos, un camino evolutivo sin retorno.

TECNOLOGÍA MENTAL

La meditación puede definirse como una tecnología mental. Consiste en suprimir todas las fluctuaciones de la mente y en concentrar la atención sobre un único pensamiento por espacio superior a la media hora. Bajo esa condición se logra la indiferenciación entre el objeto y el sujeto, y el control de las fuerzas externas.

El único límite para el control mental es el existente en el yo psicológico. La conciencia potencialmente posee la capacidad de expandirse al cosmos y regular las fluctuaciones de espacio-tiempo. El alma es un reflejo de la Divinidad y como tal contiene poder creativo, unida a la mente puede dominar con facilidad a las fuerzas naturales.

Dios y el alma humana tienen origen en un mismo sustrato de existencia. La diferencia entre ambos es creada solamente por el sentido de individualidad. Cuando mediante la meditación se suprime al ego, Dios y el alma quedan como un solo principio indiferenciado, y del fondo de la Conciencia Pura emerge la Voluntad Divina Omnipotente.

En el estado de Conciencia Cósmica es posible modificar el devenir del conjunto de la Humanidad y aún del resto del universo, según la escala involucrada en la etapa de concentración realizada.

Durante el entrenamiento no importa solamente la técnica correcta, sino también la psicología y la filosofía correctas. Son éstas el instrumento que operan sobre la voluntad, la imaginación y la fe, haciendo posible la unión entre la mente y el alma, trasponiendo los límites físicos habituales.

Aquí no se trata de calmar la mente, como en la concentración Zen, sino de utilizar la meditación como una herramienta para transformar la realidad, despertando los poderes paranormales o divinos a su mayor potencial.

Durante los encuentros colectivos, si las instrucciones son precisas y correctas, se obtiene un mayor despertar de las facultades latentes y la conciencia se expande con la máxima facilidad.

Desarrollarnos a nivel de la Conciencia Unificada Cósmica es el último peldaño de la evolución espiritual y psíquica. En caso de encontrarnos con otras culturas alienígenas, estas podrán estar más adelantadas en tecnología material, pero no en tecnología mental, si realizamos el esfuerzo necesario. Por otra parte el avance interno, siempre se verá equilibrado por el adelanto en la ciencia y técnica en general.

Los cerebros son máquinas divinas, máquinas de Dios, para que Dios se exprese en su Creación. Y la meditación es la llave que abre la puerta al reino de este poder oculto. Mediante la técnica de Amor Omnipenetrante aprendemos que es posible transformar las ondas mentales de odio y violencia, en paz y amor, en las propias mentes de los agresores.

Es posible lograr mucho más, dependiendo de nuestra concentración, buena voluntad y fe en Dios. Podemos realizar un mundo en armonía y en total paz con el poder de la meditación, si aprendemos a desarrollar completamente esta tecnología mental con fines pacíficos. Sí, debemos estar prevenidos, porque también puede ser usada con malas intenciones. Todo es dual. Pero debemos confiar en que el bien supremo siempre prevalecerá.

Además, debido a que es necesario estar en sintonía con Dios para adquirir poderes de escala cósmica, todos los que los desarrollan con malas intenciones los pierden, porque antes abandonan la natural conexión interna con el Señor, que sólo puede darse mediante el amor al Bien Superior.

Manteniendo nuestro interior en sintonía con Dios evitaremos las tentaciones del ego para dar mal uso a los poderes superiores derivados de la meditación. Estos tienen alcance ilimitado, y el daño que pueden ocasionar a terceros es hasta la muerte misma.

Respetando el precepto de no matar y el de no violencia, naturalmente nuestro espíritu vivirá en compasión y esto evitará que podamos causar mal a terceros por alevosía.

Igualmente debemos cuidar de no infringir el libre albedrío de los demás y tener en cuenta las fluctuaciones kármicas, que pueden variar las fuerzas causales originadas en el poder de la meditación.

Los usos de la Tecnología Mental son versátiles, sus aplicaciones van desde agilizar la memoria para facilitar los estudios y rendir con éxito los exámenes, obtener éxito en el trabajo, fortalecer el sistema inmune, regenerar las células, modificar los hábitos, leer el pensamiento, controlar el clima, dominar a las fuerzas naturales y mucho más, dependiendo los nuevos usos de la imaginación. No hay un límite definido.

Pero, ¿cuál es la clave del éxito para este potencial desarrollo? Todo depende de la capacidad interna de hacer contacto con Dios, de desarrollar Conciencia de Dios. Para esto los síntomas son: escuchar la sagrada vibración de Om, adquirir la capacidad de reabsorber la energía vital de las extremidades del cuerpo en la médula espinal y en el cerebro e ingresar en estado de concentración a frecuencia alfa theta.

Estos son signos internos de que hemos alcanzado una alta concentración y al mismo tiempo una intensa relajación profunda de todo nuestro cuerpo. Este es el secreto.

Mediante las meditaciones grupales se incrementa la intensidad del poder mental y el efecto que se proyecta sobre la materia. Utilizando ejercicios específicos de respiración rítmica se incrementa la bioenergía y a mayor carga cerebral es posible el desarrollo de capacidades paranormales.

Es importante que, mediante el entrenamiento, el conjunto de meditadores funcione como una unidad de mentes, en sincronía y en armonía, produciendo el empalme de pensamientos y de frecuencias de ondas cerebrales.

Nos encontramos recién en el amanecer de nuevos descubrimientos y aplicaciones para las técnicas de meditación. No es fantasía, la posibilidad de desarrollar cascos mentales para entablar vínculos de bio-feedback, con la alta tecnología, y realizar aplicaciones de realidad ampliada, permitiendo y facilitando el control mental de las fuerzas externas sin límite de escala. Cuando hagamos esto podremos modificar, por ejemplo el ritmo de producción de neutrinos en el corazón solar, mediante la simple concentración.

¿Esto es real, esto es posible? 5.000 años de experiencia yogui acumulada de la India dicen que sí lo es. Poseemos ahora el conocimiento para comprender el software interno de la conciencia, que pasamos a denominar Espacio Psi Gamma. En la medida que avancemos, podremos potenciar digitalmente a la conciencia y expandirla ilimitadamente, dotándola de capacidad omnipotente mediante tecnología externa.

Para lograr semejantes avances es esencial que investiguemos a fondo las técnicas existentes de meditación, las comparemos, las extrapolemos, las sinteticemos, las superemos. El espíritu de esta iniciativa es de estudio, trabajo e investigación, en búsqueda de la verdad científica. No se trata de la gratificación personal, de la liberación, de la felicidad, sino de averiguar cómo y por qué funciona el cerebro bajo determinada demanda.

Vemos así que existe una escala dentro de lo que es meditación, la misma principia en la armonización de la mente y el cuerpo, centralizando a frecuencia alfa al cerebro, mejorando todas las funciones orgánicas, deshaciendo las tensiones físicas y psicológicas, facilitando el acceso al disfrute de la paz interna. A su vez, esta mayor concentración, si es dirigida correctamente y sintonizada con el potencial ilimitado de Dios, del cual cada alma individual es un reflejo, hace posible despertar poderes o facultades supersensorias, que ponen a prueba la imaginación. Estas van desde la telepatía a la telequinesis y dominan a la materia sin importar el tamaño involucrado.

Sueños como la terratransformación de Marte y de los exoplanetas, junto con los saltos cuánticos o teletransportación, se encuentran dentro de las posibilidades del dominio de la mente sobre la materia. Para esto hace falta experimentación seria y dura ejercitación mínima de 8 horas diarias. Como estímulo figuran las historias de Paramahansa Yogananda, quien relató que su maestro tenía el poder de teletransportarse a voluntad y que el yogui Babaji sólo con su mente logró materializar un palacio enjoyado completo. Hace falta investigar más sobre esto y de confirmarse los datos, financiar un programa de desarrollo de la conciencia a nivel cósmico.

El sol es una fuente de abundante energía, si mediante una combinación de tecnologías mental y digital, aprendemos a concentrar dicha energía, nos sería posible, por ejemplo, reactivar el núcleo de Marte, y así volver a dotarlo de un campo electromagnético para protegerlo del viento solar y más tarde de una atmósfera amigable para los humanos. El concepto aquí es que mediante el desarrollo de técnicas de meditación muy precisas, en un futuro cercano, nos será posible alcanzar a cocrear con Dios.

Pese a estas expectativas, hay que admitir que nos encontramos a gran distancia del éxito. Todavía la ciencia ni siquiera reconoce la existencia de la onda telepática, que es el fundamento de toda posible interacción entre nuestra mente y la materia externa. Por esta razón es de suma importancia realizar en el breve plazo experimentos telepáticos a nivel masivo, que sean lo suficientemente objetivos, como para probar la existencia concreta del fenómeno.

Al negar la existencia de la onda telepática, al mismo tiempo se quita toda posibilidad para que Dios pueda comunicarse con alma alguna, y la oración queda reducida a un placebo psicológico. Este es el triunfo temporal del ateísmo, a nivel racional. Pero, es una verdad a medias, porque los científicos hasta el momento no han podido probar ni negar la telepatía. Es una verdad que les evade. Y los experimentos han sido limitados y elementales. Como caso válido figuran los datos de la Universidad del Maharishi, que ha podido verificar científicamente que sí existe un efecto a la distancia desde cerebros con onda coherente, por estar meditando y haber ingresado en estado alfa, sobre otros ubicados a mayor trayecto y que no están meditando. Esto probaría, en principio, la presencia de transmisión de una onda cerebral telepática. Es decir, la capacidad de influencia a la distancia.

Y esto es importante, científicamente está comprobado que cuando meditamos e ingresamos en estado alfa, nuestras ondas mentales llegan a los cerebros de las inmediaciones y afectan sus conductas, alteran sus patrones neuronales. Podemos limitarnos a un efecto pasivo indirecto, o intensificarlo mediante telecontrol directo, modificando la nube de pensamientos del sujeto o sujetos que sean objeto de nuestra concentración.

Los posibles usos para esto van desde incrementar el estado general de no violencia social a, por ejemplo, incidir para la votación de los indecisos en una elección general. Dependiendo de las prácticas, se ingresa en cuestiones de orden moral, que es necesario analizar con seriedad y profundidad, para evitar las aplicaciones incorrectas... Desarrollar la Conciencia Cósmica permite acceder al Poder Total, esto debe ir equilibrado con Responsabilidad Total.

La evolución de la Conciencia Cósmica puede ser definida también como Tecnología de la Fe. Los ejercicios consisten en visualización, memoria y concentración, mediante estos sencillos medios podemos transformar la realidad.

Durante meditaciones prolongadas pueden combinarse diversas técnicas, a los efectos de ingresar en forma más rápida y eficiente en estados de concentración más profunda.

Por ejemplo puede iniciarse la sesión con 30 minutos de Vipassana, seguidos de otros 30 minutos de MS o Meditación Sináptica. Así el cerebro se deshace de las tensiones, se desacelera, se vacía de pensamientos, se relaja y recarga de energía. Luego pueden practicarse 40 minutos de concentración Zazen, para alcanzar plena atención y el poder de concentrar la mente en un solo punto. Producir un descanso y predisponer el cerebro para una meditación dinámica, con un ejercicio previo de respiración rítmica para incrementar la carga bioenergética.

Cada técnica causa una reacción neuronal diferente, de modo que al integrarla con otras, se van sumando los beneficios, aumentando la relajación y la concentración. Esto se nota cuando el paso del tiempo ya no se percibe. La atención se encuentra anclada en el aquí y en el ahora. Alcanzado este punto es el momento para iniciar la última fase de la ejercitación.

Ya existen simples sensores digitales mediante los cuales uno puede constatar si ha ingresado en estado alfa theta. Instalados en red, permiten que el coordinador del grupo pueda saber cuándo es el momento exacto, para internalizar en la práctica. Son los primeros pasos para fusionar lo digital con la tecnología mental.

Si bien existe una corriente de conocimientos que fluye de Oriente, con fuerte raíz en la India, aquí se produce un corte. Esta Tecnología Mental por la naturaleza de su escala, se conecta con las investigaciones y conocimientos de la NASA. Por tanto, no es la mística su guía, sino el espíritu científico. No es el monje el arquetipo, sino el psiconauta. El cosmos también puede ser explorado haciendo uso de la meditación exclusivamente. Este giro hacia la lógica, significa el abandono de los residuos psicológicos de creencias medioevales y una reestructuración del entretejido social con base en la ciencia.

La religión es una metodología de la fe. La meditación es una tecnología a la cual puede añadírsele la fe. Entonces es posible psicológicamente trascender las limitaciones individuales y lograr lo que de otro modo parece imposible. El Ser y lo Absoluto existen, son una verdad innegable, y podemos conocerlos directamente mediante las técnicas adecuadas. Tenemos la opción de vivir como hormigas o elevar nuestras almas a Dios y obtener sabiduría.

En lo personal he sido muy indisciplinado e irregular en mis prácticas, lo que me distinguió fue la intensidad de las mismas. Esto me permitió con facilidad alcanzar la Conciencia Crística y la Conciencia Cósmica. Si eres intenso obtendrás rápidamente resultados, esto es seguro. Cuando eres intenso tu atención se agudiza y entonces, los fenómenos se amplifican, es así como se presentan los cambios en la conciencia. Pero, antes que todo, debes estar intensamente interesado en todo el proceso, caso contrario no extraerás grandes percepciones de tus experiencias y saldrás decepcionado. Será parte de tu propio círculo de falta de interés. O sea, debes ser también intensamente curioso para poder progresar en esto.

En meditación todo depende de la actitud interna y del bagaje psicológico. Por ejemplo, en el Budismo Zen el objetivo es el desarrollo de la plena atención y la claridad mental. No figura la meta de unir la conciencia con Dios, éste no interesa. Por tanto, todos los estados supersensorios del Yoga relacionados con el contacto con la Divinidad son desconocidos para los budistas, carecen de la lógica interna de Dios durante sus prácticas. Nunca llegan a desarrollar los poderes ocultos del alma. A cambio logran una mente altamente equilibrada.

Entonces, tener fe en Dios es el factor psicológico interno decisivo para el desarrollo del poder intuicional del alma, lo que nos permite trascender las limitaciones del yo conocido. Aquí meditar es dialogar constantemente con el Señor y ser receptivo para obtener las respuestas. Como Dios es omnipotente, al desarrollar este tipo de conciencia, se adquiere poder ilimitado.

Un practicante Zen que no cree en el fenómeno puede meditar durante 30 años y no alcanzar ningún estado de conciencia especial, ni ninguna experiencia supersensoria. La razón de esto es que simplemente excluye esta posibilidad de su marco de creencias, por lo que el hecho nunca llega a producirse en la realidad.

Al meditar debes aprender a sumar experiencia. Si lo haces pasivamente cosecharás una mayor armonía y paz interna, pero éste es un objetivo menor. Cuando te sintonizas con Dios y amplificas tu conciencia produces una transformación sobre la naturaleza de tu Ser. Esto en sí mismo causa diferentes grados de cambios sobre la realidad. Si te concentras lo suficiente puedes dominar dichas transformaciones y automatizarlas en tu mente, adquiriendo así determinados poderes psíquicos y sobre la naturaleza. Debes desarrollarlos, pero al mismo tiempo mantenerte desapegado respecto a los mismos, de lo contrario el ego te traicionará. El tiempo no vuelve, de modo que cada meditación es una oportunidad que no se debe desperdiciar. Debes saber aprovecharla objetivamente, mediante una clara rutina y con técnicas precisas. Al meditar estás operando sobre el conjunto de tu cerebro y tu mente, debes saber conducir, conocer lo que estás haciendo, sus fundamentos y sus propósitos. Acumulada determinada experiencia, no se trata ya de un viaje a lo desconocido, sino de una ejercitación inteligente que activa fuerzas superiores.

Estas ejercitaciones son un entrenamiento psicológico, que ayudarán a expandir tu conciencia desde el campo de las limitaciones mundanas al Infinito. Dependerá de ti desarrollar o no todo tu potencial oculto, para esto debes aprender a practicar con intensa fe y con intensa concentración, para aprender a estar plenamente atento.

Lo ideal para la experimentación es que un equipo científico multidisciplinario se una a otro de meditadores y juntos, exploren el potencial del cuarto estado de la conciencia. Mientras esto no suceda, las meditaciones deberán ajustarse al método científico a los fines de recopilar los datos necesarios y perfeccionar las técnicas conocidas, así como desarrollar nuevas aplicaciones. Los programas de investigación que puedan ser creados deberán ser analizados en profundidad, dado que estos conocimientos pueden ser fácilmente mal utilizados por los factores de poder para el control de masas y para usos militares.

Debe considerarse que para un proyecto de esta naturaleza, desarrollar el total potencial de la Conciencia Cósmica, pueden obtenerse fondos mediante donativos por parte de los fieles de las distintas religiones del mundo. Si hay dinero para construir una estatua de bronce de Maitreya, de 150 metros de altura, a un costo de 250 millones de dólares, así como tantos otros proyectos para la construcción de distintos templos; también deberá existir la misma disponibilidad de fondos para un programa que permita acelerar la evolución humana.

Se requiere una gimnasia de 8 horas diarias de meditación, para que el cerebro sufra la transformación neuroquímica apropiada para receptar a la Conciencia Cósmica, y sometido bajo las técnicas precisas y adecuadas. Este esfuerzo no se puede realizar en condiciones de vida ordinaria, hace falta un programa que permita esta transformación y sobre un conjunto de individuos para asegurar un máximo de resultados. Añadiendo un equipo de científicos para estudiar los datos cotejados. Y tal programa debe prolongarse durante un tiempo mínimo de 8 años. Todo lo cual permite calcular un costo global, promediando 100 meditadores y 50 científicos, de unos 100 millones de dólares. ¿Vale la pena la inversión? Es la misma pregunta respecto al programa espacial.

ALGUNOS DATOS CURIOSOS

El cerebro procesa imágenes en 13 milésimas de segundo. Realiza 515190 millones de cálculos por segundo. Procesa 400 mil millones de bits de información por segundo pero sólo somos conscientes de unos 2000 bits. Nuestra conciencia opera con el 0,5% de nuestro potencial.

Poseemos 100.000.000.000 neuronas y 500.000.000.000.000 sinapsis. Henry Markham estima que la memoria necesaria para simular el cerebro es 500 petabytes y la capacidad de cómputo es de 1 exaflops.

Pensar es algo que el ser humano lo tiene tan asumido e interiorizado que no nos damos casi ni cuenta cuando nos ronda una nueva idea por la cabeza. De hecho, el del pensamiento es un proceso tan habitual que algunos cálculos hablan de que tenemos hasta 80.000 de ellos al día. Uno por segundo... la mayoría son negativos, repetitivos y del pasado. No nos damos cuenta. Si consideramos una persona que viva 80 años por su cerebro habrán pasado 23.336.000.000 pensamientos. El genio utiliza el 5% de este potencial, o sea 116.880.000 pensamientos positivos dedicados al conocimiento. El resto es descartable.

El corazón posee 40 mil neuronas y una compleja y tupida red de neurotransmisores, proteínas y células de apoyo. Es un sistema nervioso independiente. Gracias a esos circuitos tan elaborados, parece que el corazón puede tomar decisiones y pasar a la acción independientemente del cerebro; y que puede aprender, recordar e incluso percibir. El corazón envía más información al cerebro de la que recibe, es el único órgano del cuerpo con esa propiedad. Puede influir en nuestra percepción de la realidad y por tanto en nuestras reacciones. El campo electromagnético del corazón es el más potente de todos los órganos del cuerpo, 5.000 veces más intenso que el del cerebro. Cambia en función del estado emocional. Cuando tenemos miedo, frustración o estrés se vuelve caótico. El campo magnético del corazón se extiende alrededor del cuerpo entre dos y cuatro metros. Con las emociones positivas el campo es coherente y con las negativas es desordenado. Es el corazón el que produce la hormona ANF, la que asegura el equilibrio general del cuerpo: la homeostasis. Uno de sus efectos es inhibir la producción de la hormona del estrés y producir y liberar oxitocina, la que se conoce como hormona del amor.

REFERENCIAS BIBLIOGRÁFICAS

«Chen Ning Yang - Nobel Lecture: The Law of Parity Conservation and Other Symmetry Laws of Physics». www.nobelprize.org.

«Melvin Schwartz - Nobel Lecture: The First High Energy Neutrino Experiment». www.nobelprize.org.

«Abdus Salam - Nobel Lecture: Gauge Unification of Fundamental Forces». www.nobelprize.org. Consultado el 19 de enero de 2017. «The greatness of gauge ideas - of gauge field theories - is that they reduce these two quests to just one; elementary particles (described by relativistic quantum fields) are representations of certain charge operators, corresponding to gravitational mass, spin, flavour, colour, electric charge and the like, while the fundamental forces are the forces of attraction or repulsion between these same charges».

Torres, Rosa. «Ondas Gravitacionales».

«Abdus Salam - Nobel Lecture: Gauge Unification of Fundamental Forces».

Peebles, P. J. E. y Bharat Ratra (2003). «La constante cosmológica y la energía oscura». Reviews of Modern Physics 75: 559-606.

Paul Davies (1986) The Forces of Nature, 2nd ed. Cambridge Univ. Press.

Richard Feynman (1967) The Character of Physical Law. MIT Press. ISBN 0-262-56003-8

Schumm, Bruce A. (2004) Deep Down Things. Johns Hopkins University Press. While all interactions are discussed, especially thorough on the weak.

Steven Weinberg (1993) The First Three Minutes: A Modern View of the Origin of the Universe. Basic Books. ISBN 0-465-02437-8

Steven Weinberg (1994) Dreams of a Final Theory. Vintage Books. ISBN 0-679-74408-8

John D. Barrow, Theories of Everything: The Quest for Ultimate Explanation (OUP, Oxford, 1990) ISBN 0-09-998380-X

Stephen Hawking The Theory of Everything: The Origin and Fate of the Universe is an unauthorized 2002 book taken from recorded lectures (ISBN 1-893224-79-1)

Stanley Jaki OSB, 2005. The Drama of Quantities. Real View Books (ISBN 1-892548-47-X)

Abraham Pais Subtle is the Lord...: The Science and the Life of Albert Einstein (OUP, Oxford, 1982). ISBN 0-19-853907-X

Steven Weinberg Dreams of a Final Theory: The Search for the Fundamental Laws of Nature (Hutchinson Radius, London, 1993) ISBN 0-09-177395-4

Iker Nieto Vivencias entre la energía y la materia (Pamplona , España , 2012)

Andrade e Silva, J.; Lochak, Georges (1969). Los cuantos. Ediciones Guadarrama. ISBN 978-84-250-3040-6.

Otero Carvajal, Luis Enrique: "Einstein y la revolución científica del siglo XX" Cuadernos de Historia Contemporánea, n° 27, 2005, INSS 0214-400-X

Otero Carvajal, Luis Enrique: "La teoría cuántica y la discontinuidad en la física", Umbral, Facultad de Estudios Generales de la Universidad de Puerto Rico, recinto de Río Piedras

de la Peña, Luis (2006). Introducción a la mecánica cuántica (3 edición). México DF: Fondo de Cultura Económica. ISBN 968-16-7856-7.

Galindo, A. y Pascual P.: Mecánica cuántica, Ed. Eudema, Barcelona, 1989, ISBN 84-7754-042-X.

Ordenador cuántico universal y la tesis de Church-Turing

Deutsch, D. "Quantum Theory, the Church-Turing Principle, and the Universal Quantum Computer" Proc. Roy. Soc. Lond. A400 (1985) pp. 97-117.

Feynman, R. P. "Simulating Physics with Computers" International Journal of Theoretical Physics, Vol. 21 (1982) pp. 467-488.

Nielsen, M. y Chuang, I. "Quantum Computation and Quantum Information" Cambridge University Press (September, 2000), ISBN 0-521-63503-9.

• NEUROYOGA: METAS GLOBALES

1. Gobierno Planetario
2. Democracia Digital Directa Global
3. Suplantar al dinero por tiempo cualificado
4. Fondo Verde del 3% del PIB mundial anual
5. Abolir la pobreza
6. Hambre cero
7. Renta vitalicia mínima ante la cibernética
8. Acción por el clima
9. Recuperación de los bosques y océanos
10. Proteger los ecosistemas
11. Salvar el Ártico y Amazonia
12. Agua limpia y saneamiento
13. Ciudades y comunidades sostenibles
14. Industria, Innovación e Infraestructura sostenibles
15. Producción y consumo responsables
16. Desarrollo intensivo de energías renovables
17. Reactores a fusión
18. Desarrollo de IA segura
19. Salud y bienestar
20. Educación de calidad
21. Trabajo garantizado y crecimiento económico
22. Reducción de las desigualdades
23. Igualdad de género
24. Paz, justicia e instituciones sólidas
25. Unión por la biosustentabilidad

*Inspirado en los Objetivos del Milenio de la ONU

Roberto Guillermo Gomes

Máster Buda Maitreya

Arquitecto / Periodista / Martillero y Corredor Público / Diseñador Gráfico / Diseñador Web / Marinero Pescador / Ecologista / Escritor / Máster en Astronomía y Astrofísica / Máster en Neurociencia Cognitiva / Máster en Psicología / Máster en Yoga / Máster en Acupuntura, Osteopatía, Terapias Naturales, Yoga Terapéutico / Máster en Mindfulness y Relajación en el Ámbito Educativo / Profesor en Mindfulness / Técnico Profesional en Mindfulness / Profesor de Ayurveda / Monitor de Yoga Universitario / Monitor de Yoga Infantil / Postgrado en Programación Neurolingüística PNL / Especialista en Análisis de Datos y Técnicas Estadísticas en Astrofísica / Especialista en Atmósferas Estelares / Especialista en Físicas Galácticas y Extragalácticas / Técnico Profesional en Masaje Ayurvédico Abhyanga y Bioenergético / Especialista en Osteopatía Craneal / Técnico en Acupuntura / Especialista en Técnicas de Relajación y Respiración / Experto en Neurociencia Cognitiva / Técnico en Psicología Infantil / Técnico en Atención Temprana / Técnico en Intervención Psico-educativa en Alteraciones de la Conducta en Niños de 0-13 años / Técnico en Terapias Naturales / Postgrado de Monitor de Yoga Terapéutico / Experto en Principios Fundamentales Éticos, Filosóficos y Místicos del Yoga / Experto en Asana y Pranayama, Secuencias y Progresiones (Vinyasa y Karana) / Experto en Relajación y Meditación en Yoga / Experto en Análisis Diagnóstico y Evaluación en Instrucción en Yoga / Técnico Especialista en Programación y Gestión de Recursos en Actividades de Instrucción en Yoga / Especialista en Diseño y Dirección de Sesiones y Actividades de Yoga / Coaching Deportivo / Experto en Mindfulness en el Aula / Técnico en Neuropsicología de la Educación / MBSR (Mindfulness Based Stress Reduction) (41 títulos universitarios y terciarios).

Creador del NeuroYoga. Desarrollador del Programa FlashBrain para el incremento intelectual, del sistema Sophia y de la técnica de Meditación Sináptica. Impulsor y líder de la iniciativa por el 2% del PIB mundial, en forma anual, para dar solución definitiva al triple flagelo del hambre, superpoblación y calentamiento global.

Nació en Argentina, en 1956. Tuvo su primer trance espiritual a los 16 años de edad. A los 17, se le apareció la Virgen y le preguntó - **¿Por qué no crees en Mí?-.** Poco después, la Madre Cósmica, le fue despertando distintos estados de elevados samadhis y tuvo experiencias espirituales muy semejantes a las de Paramahansa Ramakrishna. A los 19 años, se hizo discípulo de Yogananda y en meditación, redescubrió la ancestral técnica del Kriya. Estudió MT con el Maharishi y Zazen con el maestro Bustamante.

Afirma yogui que **"mis experiencias con Dios son el derivado de un contacto con la esencia de mi propio Ser espiritual, dado que el alma y Dios comparten el mismo sustrato de existencia. Son un paso trascendente en el conocimiento de uno mismo. El fenómeno se encuentra por dentro del campo mental y es su reflejo".**

Posteriormente, completó su formación como diseñador gráfico, periodista, martillero y corredor público, marinero pescador, arquitecto, diseñador web, escritor, máster en yoga y creador del **NeuroYoga.**

El día 02/02/04, luego de un prolongado período de meditación con la técnica Vipassana, alcanzó la cesación mental.

Diseñó el sistema **Sophia,** de Sinergia Cerebral, mediante el cual es posible rediseñar el cerebro estimulando la neuroplasticidad e incrementar el coeficiente intelectual. Sintetizó la técnica de **Meditación Sináptica,** mediante la cual se descarga el estrés acumulado, se previenen las enfermedades y aumenta la memoria, la atención y la inteligencia, permitiendo el funcionamiento del **Supercerebro.**

Su objetivo, es occidentalizar el conocimiento espiritual

milenario de oriente sin perder la esencia de su núcleo, ampliando y renovando la investigación. Simplificar la meditación, poniéndola al alcance de todos y sentando las bases para su introducción curricular en los sistemas educativos mundiales.

El otro foco, es unir acciones para frenar el Calentamiento-Inundación Global, mientras aún hay tiempo para aplicar medidas preventivas y correctivas al cuadro de situación presentado por los gases de efecto invernadero. Al mismo tiempo expandir compasión para atender el flagelo del hambre, que castiga a más de mil millones y educar para detener a la superpoblación.

"Mi misión: servir a la humanidad"

Buda Maitreya es occidental y cristiano. Logró en su vida con éxito dos carreras: una como periodista, llegando a jefe de redacción de un diario y la otra como un yogui practicante. Su trabajo se centró siempre en servir a los demás. Para él servir es **"la expresión más alta del Amor"**.

A través de las enseñanzas del Vedanta fue descubriendo gradualmente cuál era la auténtica meta de la vida. El día 02/02/04, luego de un prolongado período de meditación con la técnica Vipassana, alcanzó la cesación mental, cuando la conciencia se funde con lo Absoluto. Deseaba ayudar a la gente tanto a nivel físico, mental como espiritual. Fue así como creó el sistema del **NeuroYoga**, un yoga de la síntesis que crea la base de la práctica moderna del yoga en Occidente.

El mayor tesoro es el conocimiento

Escribir se convirtió en la nueva misión de Buda Maitreya. Por lo que pudo aportar a la gente una ayuda más duradera. Su meta es difundir el conocimiento espiritual tanto como le sea posible. Para él el conocimiento es el mayor de todos los regalos. Las palabras que escuchamos pronto se olvidan; sólo la palabra escrita perdura.

Ha escrito la serie «Meditación Advaita», donde se enuncia la unión entre Dios y el Alma, donde conocer al propio Ser es realizar lo Absoluto en Sí mismo. Actualmente está trabajando sobre la colección «Tutoriales de Meditación» que consta de 50 libros, donde se explica la ciencia de la contemplación con todo detalle.

En proyecto se encuentran las series «Mindfulness Action», «Yoga Fitness», «Neuroyoga Data», «Budismo Data» y «Un paseo por el Cosmos». Así como varias novelas.

Durante sus casi 25 años de periodismo, redactó unos 19.360 artículos, notas, entrevistas y crónicas; debido a ése entrenamiento tiene capacidad para escribir un libro por mes.

Publicó 90 libros en 3 años, 29 en 2019, 10 en 2020 y 51 en 2021, de marzo 2019 a marzo 2022. Un promedio de 30 libros por año. Además escribió "Opción Cero" y luego "Gaia Maligna", en sólo un día. Mientras que para el "Primer giro en la rueda del moderno Sagrado Dharma" demoró 3 horas.

Otros escritores han demorado más de 30 años en escribir más de 90 libros. Gomes tardó poco más del 10% de ese tiempo.

Yoga Holístico

Enseña el Yoga desde un punto de vista holístico: el NeuroYoga nos enseña a fortalecer y armonizar el cuerpo, la mente y el alma, para que podamos alcanzar la meta: un cuerpo sano, una mente equilibrada y la paz interior. El NeuroYoga ayuda a eliminar los obstáculos interiores y nos da fortaleza para mantenernos ecuánimes, calmados y conectados cuando nos enfrentamos a los retos diarios de la vida moderna.

Budjo.maitreya@gmail.com